时尚盘饰

新东方烹饪教育◎组编

中国人民大学出版社
·北京·

编委会成员

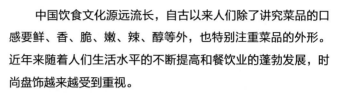

前　言

　　中国饮食文化源远流长，自古以来人们除了讲究菜品的口感要鲜、香、脆、嫩、辣、醇等外，也特别注重菜品的外形。近年来随着人们生活水平的不断提高和餐饮业的蓬勃发展，时尚盘饰越来越受到重视。

　　盘饰不仅使菜肴更精致、富有美感，而且可以突出菜肴的主题，使菜肴更生动、更具艺术特色。盘饰并不只是美食的一种装饰，更是一种享受。好的摆盘赏心悦目，让人食欲倍增。

　　现代时尚盘饰在传统盘饰的基础上进行创新，融入浓郁的文化内涵、强烈的文化色彩及独有的风格特色，用新颖的方式演绎流传的经典。

　　本书是新东方烹饪教育的教学研发成果，由新东方烹饪教育的资深教师团队打造。主要内容包括糖艺类、果酱类、面塑类、意境类四部分。糖艺类主要是用糖制作一些花、草、形状的植物来展示糖艺精湛的技术；果酱类主要是用果酱绘制一些植物、动物等来展示果酱画的风采；面塑类主要是用五彩面捏成植物、动物、人物等来展示面塑的多彩风姿；意境类由果蔬类和创意组合类两部分组成，果蔬类主要是用瓜、果、蔬菜制作各种各样的植物、动物等形状；创意组合类主要是将各类材料创意组合，充分发挥丰富的想象力和创造力。本书中每一个盘饰都配有详细操作步骤的图文讲解，通俗易懂。

　　只要你用心品读，本书定是你的良师益友。

目　录
CONTENTS

Part 1
糖艺类

Part 2
果酱类

Part 3

面塑类

Part 4

意境类

果蔬类

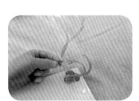

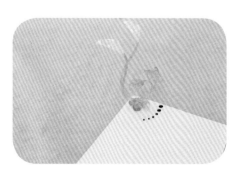

Part 1

糖艺类

拥 抱

拥抱的方式相同，所表达的寓意却不同，情侣之间的拥抱一般表达爱意，朋友之间的拥抱通常表达鼓励或友好，相逢后的拥抱表示思念，离别前的拥抱代表不舍。拥抱是无声的语言，代表着人的一种情感寄托。

盘饰中的拥抱展现的是彼此之间的需要，相互的组合创新，寄托着积极向上、不屈不挠的态度。

一、材料准备

艾素糖 50g

糖浆 50g

白砂糖 100g

水 150g

红色素 2g

绿色素 2g

粉状白色素 2g

蓬莱松 2g

二、制作中需要注意的问题

1. 糖体要反复拉伸至有金属光泽。

2. 色彩搭配要美观。

3. 整体的设计要合理。

三、制作步骤

1. 将艾素糖倒入器具中，加入水防止糊底。

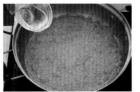

2. 熬制温度至 170 度时倒入糖浆，避免水分流失。

3. 熬制成透明状后，取出部分加入红色素进行熬制，熬好后取出，放凉备用。

4. 取红色糖体拉伸至有金属光泽。

5. 用剪刀剪出蘑菇头形状。

6. 用拇指顶出蘑菇的头孢形状。

7. 用火枪将做好的蘑菇烧出陶瓷光泽。

8. 取一块之前做好的透明糖，加入粉状白色素。

9. 取白色糖体反复拉伸至有金属光泽。

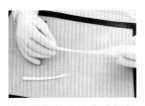

10. 将白色糖体拉成细条状，做出蘑菇的菌杆形状。

11. 取白色糖体做出底座的形状，用剪刀剪下。

12. 将白砂糖倒入碗内，加入绿色素拌匀，做成绿色砂糖。

13. 将底座组装好，撒上绿色砂糖。

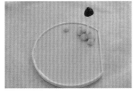

14. 将做好的底座放入盘中一侧，将蘑菇固定在底座上。

15. 将做好的蘑菇组装在盘中，放入蓬莱松进行装饰。

一叶扁舟

一叶扁舟，形容像一片树叶那样的小船，形容物体小而轻。

一叶扁舟盘饰中所展示的波浪、水草、小船虽然渺小，但有无限的可能，寄托着人们的一种豪放风格和对自由的向往。

二、制作中需要注意的问题

1. 糖体要反复拉伸至有金属光泽。
2. 掌握叶子、花卉、鹅软石的制作方法。
3. 花瓣、花蕊的设计要合理。

一、材料准备

艾素糖 50g

糖浆 50g

水 150g

绿色素 2g

黄色素 2g

黑色素 2g

粉状白色素 2g

三、制作步骤

1. 将艾素糖倒入器具中，倒入水防止糊底。

2. 熬制温度至170度时倒入糖浆，避免水分流失。

3. 熬制成透明状，取出部分再加入绿色素熬制，熬好后取出，放凉备用（黄色糖体、黑色糖体同理制作）。

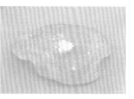

4. 取一块之前做好的透明糖，加入粉状白色素。

5. 将白色糖体拉伸至有金属光泽。

6. 取白色糖体拉出花瓣的形状。

7. 用剪刀剪下花瓣。

8. 用上色机将花瓣喷上色。

9. 取之前做好的黄色糖体拉成丝，用剪刀剪出花蕊的形状。

10. 将做好的花瓣、花蕊组装成花卉。

11. 取之前做好的绿色糖体拉出叶子的形状。

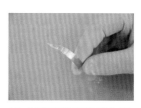

12. 用剪刀剪下叶子的形状。

13. 取之前做好的黑色糖体做出鹅软石的形状。

14. 用黄色糖体剪出球形装饰物。

15. 将花卉、叶子、鹅软石组装至勺形盘内，用黄色球体进行装饰。

生命之花

生命之花是由仙人掌的寓意而来的，具有一种坚强的性格，代表坚持不懈的精神和执着的信念。

盘饰中的生命之花是用不同颜色、不同形状的物体相互搭配而成的，表达勇于挑战，不向困难屈服，做最好的自己的信念。

一、材料准备

艾素糖 500 克

糖浆 50 克

水 150 克

白砂糖 50 克

粉状白色素 2 克

绿色素 2 克

黑色素 2 克

黄色素 2 克

棕色素 2 克

二、制作中需要注意的问题

1. 掌握材料的熬制方法。

2. 花瓣的制作是难点，要多加练习。

3. 色彩搭配要美观。

三、制作步骤

1. 将艾素糖倒入器具中，加入水防止糊底。

2. 熬制温度至 170 度时倒入糖浆，避免水分流失。

3. 熬制成透明状，取出部分加入绿色素继续熬制，熬好后取出倒在不粘垫上，放凉备用（黑色糖体、黄色糖体同理制作）。

4. 取绿色糖体拉伸至有金属光泽。

5. 将绿色糖体捏出不规则的形状。

6. 用剪刀剪下捏好的绿色糖体。

7. 将剪好后的绿色糖体放在不粘垫上备用。

8. 取绿色糖体拉出丝，制作仙人掌的刺。

9. 取一块之前做好的透明糖加入粉状白色素。

10. 将白色透明糖拉伸至有金属光泽。

11. 做出花瓣的形状，并用剪刀剪下。

12. 取黄色糖体做出花蕊的形状。

13. 将花瓣、花蕊组装成花卉。

14. 将白砂糖撒入纸杯内，加入棕色素和黄色素搅拌均匀，将搅拌好的糖体倒出撒在盘内。

15. 用制作好的不规则形状的绿色糖体组装成仙人掌并放入盘中一侧。

16. 将花卉、刺依次组装在仙人掌上。

17. 用黑色糖体做出大小不一的鹅卵石。

18. 将做好的鹅卵石放到盘中进行装饰。

彩 带

彩带在生活中是多种多样的，表现的形式也各不相同；绿色代表爱心，代表健康，代表勃勃生机的人生。

一、材料准备

艾素糖 100g

水 50g

糖浆 50g

绿色素 2g

二、制作中需要注意的问题

1. 绿色糖体要反复对折以拉伸出彩带的效果。

2. 彩带的色彩层次感要把握好。

3. 要把握好梗的细度。

三、制作步骤

1. 将艾素糖倒入不锈钢锅中，加入水防止糊底。

2. 熬制温度至 170 度时倒入糖浆，避免水分流失。

3. 熬制成透明状，再加入绿色素进行熬制，将熬好的绿色糖体取出，放凉备用。

4. 取绿色糖体拉伸至有金属光泽。

5. 反复对折拉伸成彩带，增加彩带的层次感。

6. 将拉好的彩带分割成同等长度的小段备用。

7. 将分割好的彩带对折做出造型。

8. 取绿色糖体拉伸出细条，并用剪刀剪断。

9. 将拉好的细条做出弯曲的梗备用。

10. 做出弧线梗备用。

11. 将做出造型的彩带依次放入盘中摆出花的造型。

12. 最后将做好的弯曲梗、弧线梗放入彩带中进行装饰。

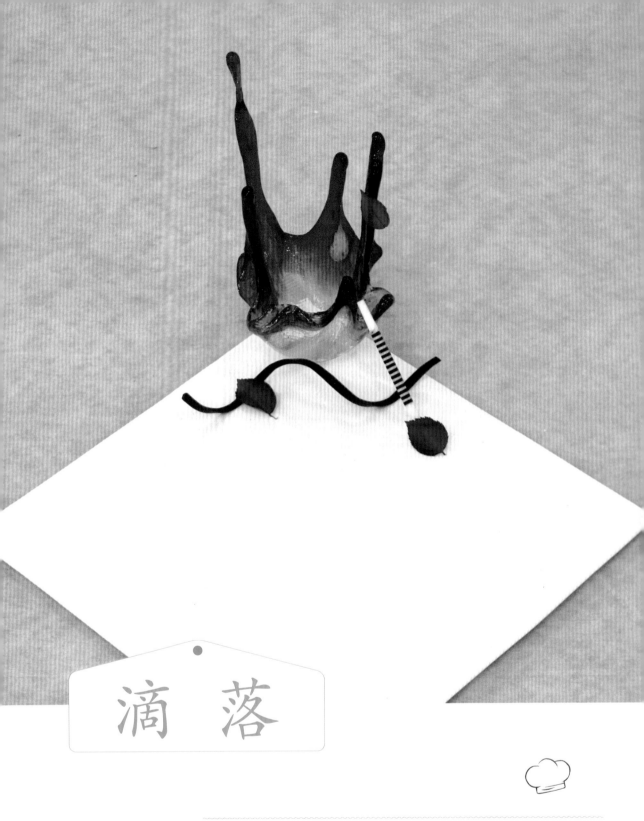

滴 落

滴落是由珊瑚的形状演变而来的，做工精致，细节到位，它代表高贵与权势，
是幸福与永恒的象征，故其备受尊崇和喜爱。

一、材料准备

透明糖体 100g

红色素 2g

蓝色素 5g

巧克力 5g

叶子 3 片

二、制作中需要注意的问题

1. 注意色素的颜色调整。
2. 掌握珊瑚形状的制作方法。
3. 掌握喷枪上色的原理。

三、制作步骤

1. 将透明糖体取出放入纸杯中。

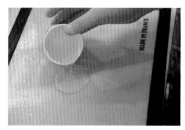

2. 将纸杯放入微波炉中，将糖加热熔化，并倒出一部分在不粘垫上。

3. 在杯中分次加入蓝色素、红色素。

4. 分次将蓝色糖体和红色糖体倒在熔化的透明糖的周边。

5. 将不粘垫拿起放到瓶子上凉透。

6. 将凉透的糖体捏出珊瑚的形状。

7. 将捏出形状的糖体组装到盘子上，用巧克力做装饰，并用喷抢进行上色。

8. 用叶子进行装饰。

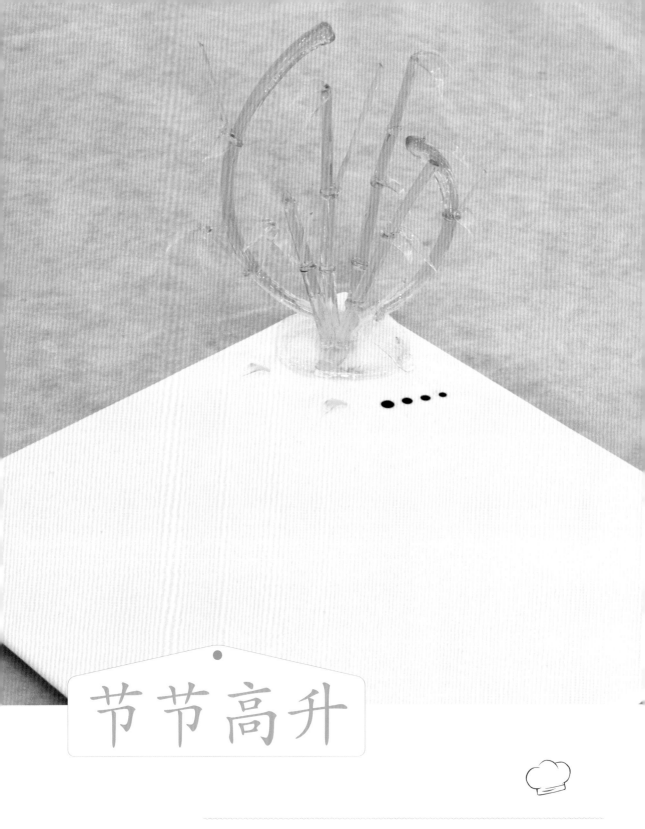

节节高升

因为竹子是一节一节的，所以叫节节高升，寓意人的前途有无限可能，只要一个脚步一个脚步地向前走，一定能实现梦想。

二、制作中需要注意的问题

1. 掌握竹节的制作要点。
2. 了解叶子的制作细节。
3. 整体组合设计要合理。

一、材料准备

艾素糖 50g

糖浆 50g

水 150g

绿色素 2g

黑色果酱 2g

三、制作步骤

1. 将艾素糖倒入不锈钢锅中，加入水防止糊底。

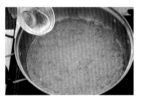

2. 熬制温度至 170 度时倒入糖浆，避免水分流失。

3. 熬制成透明状，取出部分再加入绿色素进行熬制，将熬好的绿色糖体取出，放凉备用。

4. 取绿色糖体反复拉伸至有金属光泽。

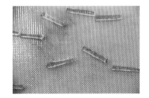

5. 将绿色糖体拉出线条，并用剪刀将线条切分成相同的小段。

6. 将做好的小段连粘起来，做出竹节的效果。

7. 取绿色糖体拉出叶子的形状。

8. 取一块之前做好的透明糖体拉出底座的形状。

9. 将做好的竹节组装到底座上。

10. 依次将做出的叶子组装到竹节上。

11. 用黑色果酱进行点缀装饰。

音 韵

音韵是由音符演变而来的，突出时尚、创新、新颖的特点，让人爱不释手，同时也表达了人们对音乐的向往。

二、制作中需要注意的问题

1. 重点掌握音符的制作细节。
2. 掌握底座的制作要求。
3 装饰物的设计要合理。

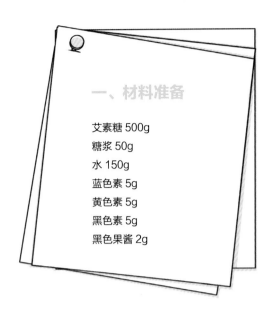

一、材料准备

艾素糖 500g

糖浆 50g

水 150g

蓝色素 5g

黄色素 5g

黑色素 5g

黑色果酱 2g

三、制作步骤

1. 将艾素糖倒入器具中，加入水防止糊底。

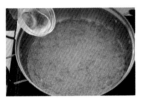

2. 熬制温度至 170 度时倒入糖浆，避免水分流失。

3. 熬制成透明状，取出部分加入蓝色素进行熬制，熬好后取出，放凉备用（黑色糖体、黄色糖体同理制作）。

4. 将蓝色糖体拉伸至有金属光泽。

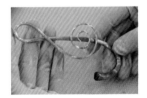

5. 用蓝色糖体拉伸出粗细不同的线条，做出音符的形状。

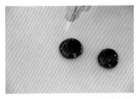

6. 用之前做好的黑色糖体做出底座的形状，并用火枪将其烧出陶瓷光泽。

7. 用之前做好的黄色糖体做出球形装饰物。

8. 用黑色果酱在盘子上方抹出粗线条的形状，并做出点滴。

9. 将底座组装到盘子上，将音符组装在黑色底座上。

10. 将做好的盘饰摆放整齐。

马蹄莲

马蹄莲有许多颜色，不同的颜色代表着不同的寓意。白色植株的花语是"至死不渝的爱"，形容人们对爱情的向往、憧憬，预示着未来无限美好。

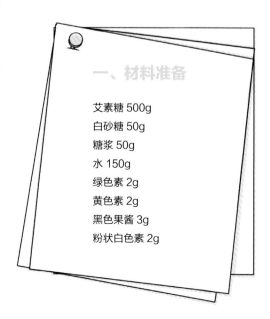

一、材料准备

艾素糖 500g

白砂糖 50g

糖浆 50g

水 150g

绿色素 2g

黄色素 2g

黑色果酱 3g

粉状白色素 2g

二、制作中需要注意的问题

1. 糖体要反复拉伸至有金属光泽。
2. 重点掌握叶子的制作方法。
3. 掌握花朵的制作要点。

三、制作步骤

1. 将艾素糖倒入不锈钢锅中，加入水防止糊底。

2. 熬制温度至170度时倒入糖浆，避免水分流失。

3. 熬制成透明状液体，取出部分再加入绿色素进行熬制，将熬好的绿色糖体取出，放凉备用。

4. 取绿色糖体反复拉神至有金属光泽。

5. 拉出线条，并将线条摆成枝条的形状。

6. 取绿色糖体做出底座的形状，用剪刀剪出底座。

7. 用火枪将底座烧至有陶瓷光泽。

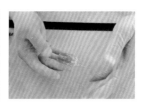

8. 取绿色糖体拉出叶子的形状。

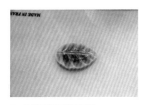

9. 用磨具压出纹路。

10. 将做好的叶子放凉备用。

11. 取一块之前做好的透明糖，加入粉状白色素。

12. 取白色糖体反复拉伸至有金属光泽。

13. 将白色糖体拉成花瓣的形状，并将花瓣做成花朵的样子。

14. 取白色糖体拉成线条，用剪刀剪出花蕊。

15. 将白砂糖加入黄色素搅拌均匀，做成黄色砂糖。

16. 将枝条组装在底座上，将花瓣组装到枝条上。

17. 将叶子组装到枝条上。

18. 将花蕊粘上黄色白砂糖。

19. 将花蕊组装到花瓣上。

20. 用黑色果酱进行点缀。

草莓

草莓在生活中很常见，酸酸甜甜，很受人们的喜爱；草莓的寓意是喜欢，也寓意着有勇气的爱情，激发人们对生活的热爱。

一、材料准备

艾素糖 100g

水 150g

糖浆 50g

红色素 2g

绿色素 2g

黄色素 2g

酒精 2g

二、制作中需要注意的问题

1. 糖体要反复拉伸至有金属光泽。
2. 色彩搭配要美观。
3. 整体的设计要合理。

三、制作步骤

1. 将艾素糖倒入不锈钢锅中，倒入水防止糊底。

2. 熬制温度至170度时倒入糖浆，避免水分流失。

3. 熬制成透明状液体，取出部分再加入红色素进行熬制，熬好后取出，放凉备用（黄色糖体和绿色糖体同理制作）。

4. 取红色糖体拉伸至有金属光泽。

5. 用剪刀剪掉多余的废料，做出草莓的形状。

6. 用糖艺手刀压出草莓的纹路。

7. 取之前做好的黄色糖体拉出线条备用。

8. 将拉好的黄色线条烧化做出草莓表面的种子。

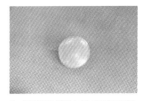

9. 取黄色糖体做出底座备用。

10. 将做好的底座用火枪烧出陶瓷光泽。

11. 取不沾垫，喷上95度的酒精。

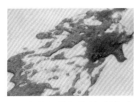

12. 将熬化的绿色糖液泼到不粘垫上，做出气泡糖的形状。

13. 再取绿色糖体拉伸至有金属光泽。

14. 做出草莓的叶子。

15. 拉出线条，并做出茎的形状。

16. 将草莓固定到底座上再将叶子固定草莓上。

17. 将气泡糖固定到草莓的后方，将茎固定到叶子的中间。

18. 将做好的草莓放入盘中。

水仙花

水仙花寓意丰富，是友谊、幸福、吉祥的象征，寓意着
友谊无价、感情纯洁。

二、制作中需要注意的问题

1. 掌握花瓣的制作细节。
2. 底座的色彩搭配要美观。
3. 水仙花整体的设计要合理。

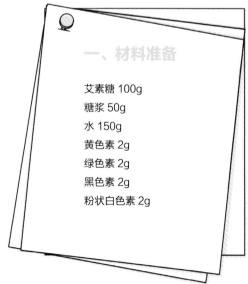

一、材料准备

艾素糖 100g
糖浆 50g
水 150g
黄色素 2g
绿色素 2g
黑色素 2g
粉状白色素 2g

三、制作步骤

1. 将艾素糖倒入不锈钢锅中，加入水防止糊底。

2. 熬制温度至 170 度时倒入糖浆，避免水分流失。

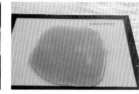

3. 熬制成透明状，取出部分再加入绿色素进行熬制，将熬好的绿色糖体取出，放凉备用（黄色糖体、黑色糖体同理制作）。

4. 取部分白色糖体加入些粉状白色素。

5. 反复拉伸至有陶瓷光泽。

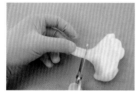

6. 拉出花瓣并用剪刀剪下。

7. 将拉出的花瓣做出造型放凉备用。

8. 取之前做好的部分白色糖体、黑色糖体拉至均匀，做出底座假山的造型。

9. 取之前做好的黄色糖体反复拉伸出细条。

10. 剪成适宜的长度备用。

11. 用火枪烧出陶瓷光泽。

12. 将细条粘接组成花蕊备用。

13. 取一块之前做好的绿色糖体拉伸至有金属光泽。

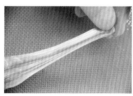

14. 拉出叶子并用剪刀剪下。

15. 将做好的叶子放凉备用。

16. 取绿色糖体拉出茎，并用剪刀剪下放凉备用。

17. 将花瓣、花蕊组装成花朵。

18. 将茎、叶子组装到假山上，再将花朵组装到茎上。

纯 净

纯净寓意美好；绿色代表健康，白色代表纯洁，圆形代表世界；本盘饰表达了人们对美好的生活向往。

二、制作中需要注意的问题

1. 圆形的制作要掌握好。
2. 花蕊的制作要注重细节。
3. 用火枪烧制的时间要把握好。

一、材料准备

艾素糖 500g

糖浆 50 克

水 150 克

黑色果酱 3g

绿色素 2g

三、制作步骤

1. 将艾素糖倒入不锈钢锅中，加入水防止糊底。

2. 熬制温度至 170 度时倒入糖浆，避免水分流失。

3. 熬制成透明状，取出部分再加入绿色素进行熬制，将熬好的绿色糖体取出，放凉备用。

4. 取绿色糖体反复拉伸至有金属光泽，拉出叶子的形状。

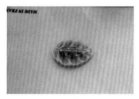

5. 用叶形硅胶模具压出叶子的纹路。

6. 将之前熬制好的透明糖倒入球形硅胶模具至凉透。

7. 取之前做好的透明糖体拉出线条，并摆出圆的形状。

8. 取之前做好的透明糖做成花蕊的形状备用。

9. 取出做好的球形，并用火枪烧出亮泽。

10. 将花蕊、圆形组装到透明球上。

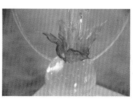

11. 将做好的叶子依次组装完成。

12. 用黑色果酱进行点缀。

曲　线

曲线一般是动力、前进、拼搏的象征，其枝干代表方向，花朵代表果实，寓意只要朝着目标方向付出，就会有美好的收获。

二、制作中需要注意的问题

1. 装饰物的制作要注意细节。
2. 花瓣的组装是关键。
3. 整体的设计要合理。

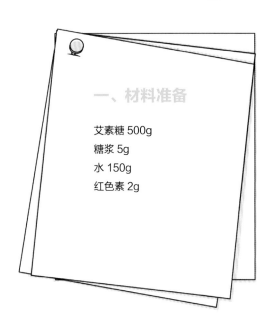

一、材料准备

艾素糖 500g
糖浆 5g
水 150g
红色素 2g

三、制作步骤

1. 将艾素糖倒入不锈钢锅中，倒入水防止糊底。

2. 熬制温度至 170 度时倒入糖浆，避免水分流失。

3. 熬制成透明状，取出部分再加入红色素进行熬制，将熬好的红色糖体放凉备用。

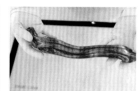

4. 取红色糖体，反复拉伸至有金属光泽。

5. 用拉好的红色糖体拉出花瓣的形状。

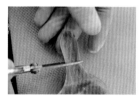

6. 做出花瓣并用剪刀剪断

7. 将剪出的花瓣顶部做尖。

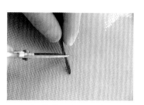

8. 取红色糖体做出花蕊，并用剪刀剪断。

9. 将做出的花蕊放凉备用。

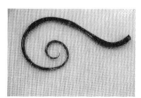

10. 取红色糖体做出底部的弯曲形状。

11. 接着做出顶部的弯曲形状。

12. 再做出线形装饰物。

13. 取红色糖体做出底座。

14. 用火枪将其烧出陶瓷光泽。

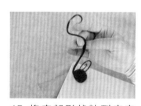

15. 将底部形状粘到底座上，再将顶部的和底部的形状相结合。

16. 将做好的花蕊依次组装好。

17. 将花瓣组装成花朵。

18. 将花朵、装饰物依次进行组装。

19. 将组装好的盘饰摆放整齐。

相恋

相恋，通常指两个人之间的爱情故事，或者植物、动物相互生存、相互依赖，其代表纯洁、无私，表达一种幸福感。

二、制作中需要注意的问题

1. 注意帽子、嘴巴、翅膀的制作细节。
2. 天鹅的身体色彩搭配要美观。
3. 天鹅的整体设计要合理。

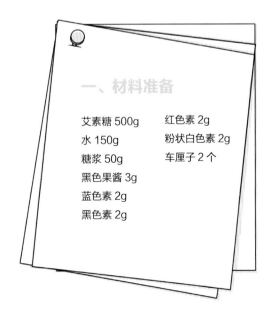

一、材料准备

艾素糖 500g   红色素 2g

水 150g   粉状白色素 2g

糖浆 50g   车厘子 2 个

黑色果酱 3g

蓝色素 2g

黑色素 2g

三、制作步骤

1.艾素糖倒入不绣钢锅中，加入水防止糊底。

2. 熬制温度至 170 度时倒入糖浆，避免水分流失。

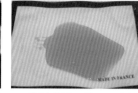

3. 熬制成透明状，取出部分加入蓝色素熬制，熬好后取出，放凉备用。红色糖体、黑色糖体同理制作）。

4. 取蓝色透明糖反复拉伸至有金属光泽。

5. 用蓝色糖体拉出天鹅的脖子。

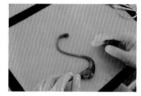

6. 并用剪刀剪出身体摆出形状。

7. 用蓝色糖体和透明糖体分别拉出翅膀的大体形状，用剪刀剪下。

8. 修出翅膀的形状。

9. 用火枪烧出亮泽。

10. 取红色糖体剪出嘴巴。

11. 取红色糖体做出天鹅头部。

12. 取黑色糖体做出帽子。

13. 取之前做好的透明糖，加入粉状白色素，调成白色糖体。

14. 将白色糖体和之前做好的黑色糖体混合不均匀，做出底盘的形状。

15. 将做好的天鹅组装在底座上。

16. 将天鹅的嘴巴、透明翅膀、蓝色天鹅翅膀组装上。

17. 将天鹅头部组装上、帽子组装上。

18. 用车厘子、黑色果酱进行点缀。

生机勃勃

多肉植物有很多的品种，不同品种的寓意不尽相同。比如，山地玫瑰的寓意是永不凋零的玫瑰是我的心，象征着爱情；熊童子的寓意为玲珑优雅、小巧精致；钱串的寓意是财运亨通、招财进宝。本盘饰的株型非常独特，铜钱形状的叶片在花茎上顺序排列，就像古时候一串一串的铜币，预示着财运亨通。

二、制作中需要注意的问题

1. 糖体要反复拉伸至有金属光泽。
2. 花瓣、花蕊的制作是关键。
3. 上色机上色的成色要把握好。

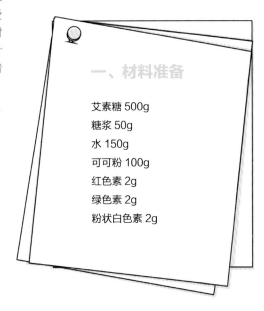

一、材料准备

艾素糖 500g

糖浆 50g

水 150g

可可粉 100g

红色素 2g

绿色素 2g

粉状白色素 2g

三、制作步骤

1. 将艾素糖倒入不锈钢锅中，倒入水防止糊底。

2. 熬制温度至 170 度时倒入糖浆，避免水分流失。

3. 熬制成透明状，取出部分再加入绿色素进行熬制，将熬好的绿色糖体取出，放凉备用。

4. 取绿色糖体加入粉状白色素。

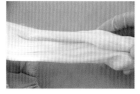

5. 反复拉伸至有金属光泽。

6. 取绿色糖体拉出花蕊形状，并用剪刀将其剪断。

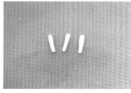

7. 将做好的花蕊放凉备用。

8. 再取绿色糖体做出花瓣形状，并用剪刀将其剪断。

9. 将做好的花瓣顶部做尖。

10. 用火枪将做好的花瓣烧出陶瓷光泽。

11. 取之前做好的透明糖体做出水滴，并用剪刀剪下。

12. 将做好的水滴放凉备用。

13. 用上色机将花瓣的顶部喷上红色素。

14. 将上好色的花瓣放凉备用。

15. 将凉好的花蕊进行组装，再将花瓣一片一片组装成花朵。

16. 将圆形盆放入盘中，并撒入可可粉做泥土。

17. 将做好的花朵放到盆中。

18. 将水滴粘到花朵上。

咏菊

菊代表人类的许多感情：真挚的友谊、纯洁的爱情、崇高的信仰；也体现了人类的许多精神：坚韧不拔、傲然不屈、神圣贞洁；还象征人类许多愿望：幸福和平、自由独立、健康快乐，因此赏菊成为一种享受，也可起到修养身心的效果。

二、制作中需要注意的问题

1. 花瓣的组装要控制好相互的缝隙。
2. 色彩的搭配要美观。
3. 掌握叶子、小草的制作细节。

一、材料准备

艾素糖 50g

糖浆 50g

水 150g

粉色素 2g

绿色素 2g

黄色素 2g

粉状白色素 2g

1. 将艾素糖倒入不锈钢锅中，倒入水防止糊底。

2. 熬制温度至170度时倒入糖浆，避免水分流失。

3. 熬制成透明状，取出部分再加入绿色素进行熬制，将熬好的绿色糖体取出，放凉备用（黄色糖体、粉色糖体同理制作）。

4. 取绿色糖体反复拉至金属光泽。

5. 将绿色糖体拉出线条，并摆出花梗的形状。

6. 用绿色糖体拉出长片，并做出叶子的形状。

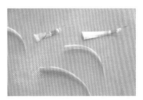

7. 将做好的叶子放凉备用。

8. 用绿色糖体拉出线条用剪刀剪断。

9. 做出小草的形状，放凉备用。

10. 取之前做好的透明糖加入粉状白色素。

11. 将白色糖体拉伸均匀，取小块并用剪刀剪断。

12. 取绿色糖体拉伸均匀，取小块并用剪刀剪断。

13. 将绿色糖体和白色糖体相结合做出底座，并用火枪将其烧出陶瓷光泽。

14. 取黄色糖体拉伸至有金属光泽。

15. 拉出花蕊的形状，用剪刀剪下。

16. 将做好花蕊放凉备用。

17. 取之前做好的粉色糖体拉出长片，并用剪刀剪下。

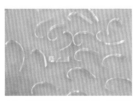

18. 做出花瓣的形状，放凉备用。

19. 将花蕊、花瓣依次组装成花朵。

20. 将底座组装并用火枪将其烧出陶瓷光泽。

21. 将花梗组装到底座上。

22. 将小草、叶子、花朵依次组装完成。

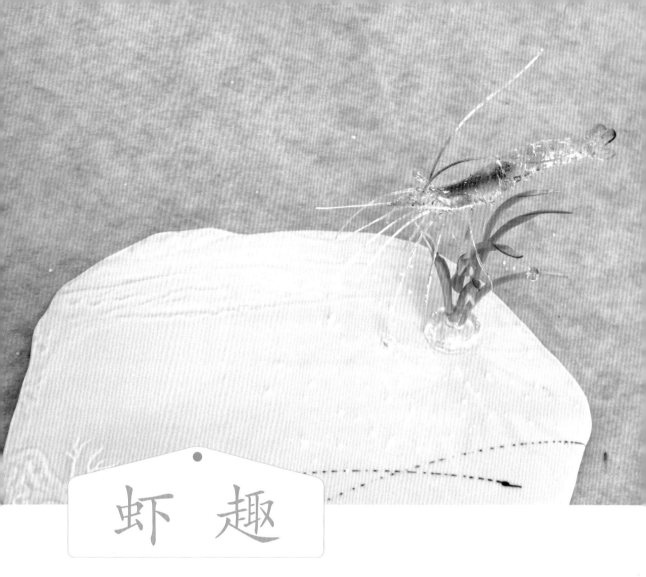

虾 趣

虾的寓意深刻,北方喻其为"龙",有镇宅、吉祥之意,南方喻其为"银子",取长久富贵之意。虾对同族从不侵袭与伤害,而是与之和谐相处。虾身躯虽小,却玉洁透明,寓意做人要坦诚,且有敢弄潮的意志,更有龙一样的腾飞精神。

二、制作中需要注意的问题

1. 重点掌握虾的造型的制作方法。
2. 掌握虾须、支柱、水草的制作要点。
3. 注意喷枪的上色度。

一、材料准备

艾素糖 500g
水 150g
糖浆 50g
绿色素 5g
黑色果酱 2g

三、制作步骤

1. 将艾素糖倒入器具中，并倒入水防止糊底。

2. 熬制温度至 170 度时倒入糖浆，避免水分流失。

3. 熬制成透明状，取出部分加入绿色素，熬好后透明糖取出倒在不粘垫上，放凉备用。

4. 取之前做好的透明糖用剪刀剪出虾的形状。

5. 用火枪喷出气泡。

6. 用剪刀剪出虾的头部，压出虾身体的鱼鳞 4 片。

7. 取透明糖拉出虾须，并摆出弯曲的弧度。

8. 做出底座，用火枪将其烧出陶瓷光泽。

9. 取透明糖拉出支柱。

10. 将底座和支柱粘接上，将虾组装到支柱上，并粘接上虾须。

11. 取之前做好的绿色糖体拉出长片。

12. 用剪刀剪断长片，做出叶子的形状。

13. 将叶子组装成水草固定到支柱上。

14. 用火枪将虾背喷上棕色。

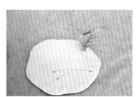

15. 盘中撒入白色泡沫，用黑色果酱画两条交叉线进行装饰。

Part 2

果酱类

梅

寒冬，梅开百花之先，独天下而春，因此梅具有高洁、傲骨之风。梅以它高洁、坚强、谦虚的品格，给人以立志奋发的印象，也预示着人要有不畏严寒、坚强的品格。

二、制作中需要注意的问题

1. 重点掌握梅花的形状。

2. 掌握树枝的走向。

3. 合理搭配整体的设计。

一、材料准备

红色果酱 2g

黄色果酱 2g

黑色果酱 2g

三、制作步骤

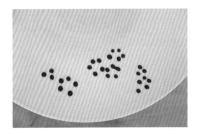

1. 用红色果酱在盘子一侧点出梅花形状。

2. 用手指慢慢把红色抹开。

3. 用黑色果酱画出树枝，注意走势。

4. 用手指将树干部分抹开，体现树干的阴阳面。

5. 树枝顺着花的走向，连接花瓣。

6. 用黄色果酱画出花心。

7. 用黑色果酱画出花蕊。

8. 在树杈上点出未绽放的花苞。

9. 将做好的盘饰摆放整齐。

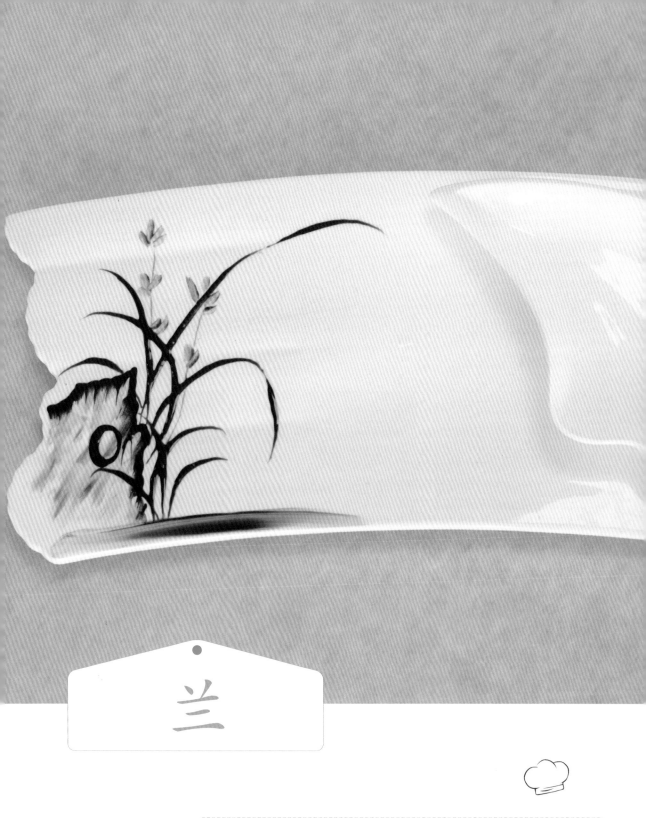

兰

兰花被视为高洁、典雅、爱国和矢志不渝的象征。兰花风姿素雅,花容端庄,幽香清远,被誉为"花中君子""王者之香",寄寓着人们要具有像兰花一样的品格。

二、制作中需要注意的问题

1. 掌握线条的调整。
2. 色彩搭配要美观。
3. 重点掌握花瓣的画法。

一、材料准备

黑色果酱 2g
绿色果酱 2g
紫色果酱 2g

三、制作步骤

1. 用黑色果酱画出山石的线条。

2. 用手指向斜下方慢慢抹开。

3. 在山石中间画一个洞。

4. 用绿色果酱挤出叶子的形状，注意用力要均匀。

5. 画出花茎。

6. 用蘸有紫色果酱的勾线笔画出紫色花瓣。

7. 将做好的盘饰摆放整齐。

竹

竹子是谦虚、有气节、刚直不阿的象征。"不可居无竹"的意思是君子同世俗那些追逐名利的人不一样，会追求自己心中的理想。此外，民间还有句谚语：竹报平安。

二、制作中需要注意的问题

1. 掌握竹节距离的制作。
2. 熟练制作树叶的走向。
3. 掌握树枝分叉的整体设计。

一、材料准备

绿色果酱 2g
深绿色果酱 2g

三、制作步骤

1. 用绿色果酱在盘子的一侧画出一条粗线。

2. 用竹节刀刮出竹竿。

3. 用深绿色果酱画出另一条粗线。

4. 再用竹节刀刮出竹竿。

5. 用绿色果酱画出枝杈，注意分段。

6. 用毛笔蘸上深绿色果酱，画出竹叶。

7. 注意竹叶的走势要分散。

8. 将画好的盘饰摆放整齐。

菊

　　菊花历来被视为高风亮节的象征，代表着名士的真情与友谊。菊花因其在深秋不畏清冷而绽放，因此深受中国古代文人的喜欢，故多有诗文对其加以赞美，也寓意着人们要向菊花一样，做个顶天立地的人。

二、制作中需要注意的问题

1. 注意花瓣的长度要大小不一。
2. 整体的色彩搭配要美观。
3. 掌握叶子饱满形状的画法。

一、材料准备

黄色果酱 2g
橙色果酱 2g
绿色果酱 2g
黑色果酱 2g

三、制作步骤

1. 用黄色果酱挤出花心。

2. 用少许绿色果酱调一下花心颜色。

3. 用黄色、橙色果酱画出菊花，由内向外依次画出，花瓣要长短不一。

4. 画出花茎，用手指慢慢抹出叶子的形状，继续画出花茎。

5. 用黑色果酱勾出叶脉，叶脉不宜过密。

6. 根部画出小草作为衬托。

7. 将画好的盘饰整齐。

花开富贵

　　花开富贵象征着美好的生活，由牡丹演变而来，代表着人们对美满幸福生活的向往。

一、材料准备

黄色果酱 3g

红色果酱 3g

绿色果酱 3g

黑色果酱 3g

二、制作中需要注意的问题

1. 注意每一个花瓣要画成弧形，花卉整体成圆形。

2. 掌握画叶脉、叶子轮廓的技法。

3. 熟悉线条的画法。

三、制作步骤

1. 用红色果酱挤出线条。

2. 用手慢慢向下抹开，抹成未绽放的花苞状。

3. 取绿色果酱画出包裹花苞的表皮。

4. 按照上述手法抹出第二朵花。

5. 注意花瓣的形状及整个花朵的形状（每一个花瓣成弧形，花朵整体成圆形）。

6. 按照上述手法抹出第三朵花。

7. 用黄色果酱画出花蕊。

8. 用黑色果酱点出花心。

9. 用绿色果酱挤出线条，用手指慢慢把线条抹开。

10. 取绿色果酱画出花的枝干。

11. 用黑色果酱勾出叶脉及叶子的轮廓。

12. 用黑色果酱题上字装饰。

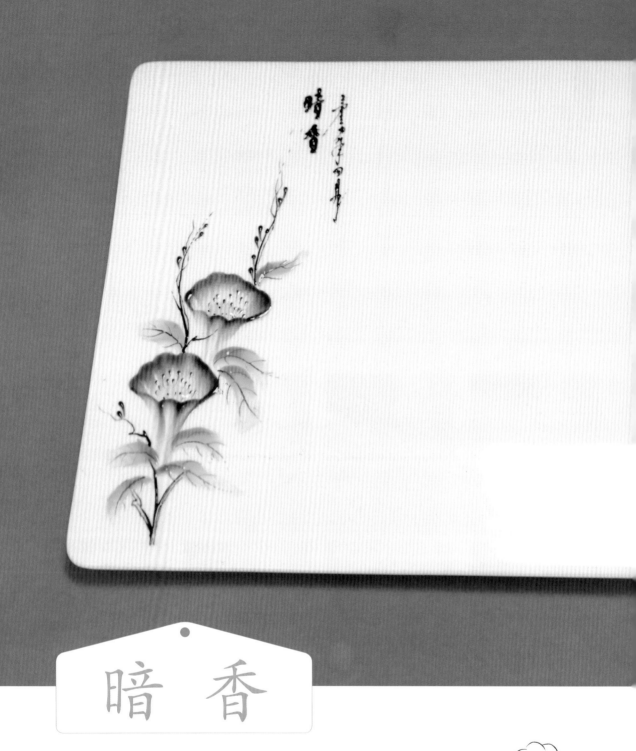

暗 香

暗香是由牵牛花演变而来，寓意着冷静思考、不要盲目，做更好的自己。

一、材料准备

紫色果酱 2g
绿色果酱 2g
黑色果酱 2g
黄色果酱 2g

二、制作中需要注意的问题

1. 注意掌握弧度的画法。
2. 重点掌握花朵的画法。
3. 掌握枝干、叶脉的画法。

三、制作步骤

1. 用紫色果酱画出一条上弧线。

2. 用手指慢慢向下抹开。

3. 取紫色果酱再画出一条下弧线。

4. 用手指慢慢向下抹开，定出花朵的形状。

5. 用黄色果酱画出花蕊。

6. 用黑色果酱点出花心。

7. 用绿色果酱沿花朵两侧挤出粗线条。

8. 用手指的侧面慢慢抹开成叶子状。

9. 用黑色果酱勾出叶脉。

10. 画出枝干，以粗线为主、细线为辅。

11. 用紫色果酱点出花苞。

12. 用黑色果酱题上字装饰。

荷　韵

　　荷花，千百年来以其独有的品格和气质为人们所称颂。荷茎"中通外直，不蔓不枝"，生性倔强，宁折不屈；荷花娇艳不失清纯、雍容大度、不哗众取宠，一直以来深受人们的喜爱。

一、材料准备

红色果酱 2g
黑色果酱 2g
绿色果酱 2g
蓝色果酱 2g

二、制作中需要注意的问题

1. 重点掌握荷花的画法。
2. 掌握荷茎的画法。
3. 熟悉荷花苞、水草的画法。

三、制作步骤

1. 用绿色果酱在盘子的一侧画出弧线。

2. 用手指慢慢抹开成荷花的形状。

3. 在下方画出另一条弧线。

4. 用手指慢慢抹开成荷花形状。

5. 在两朵荷花下面画出第三朵荷花。

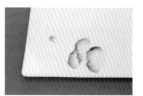

6. 用红色果酱在荷花上方挤出一点,用手指慢慢抹开。

7. 用绿色果酱画出荷茎。

8. 用黑色果酱在茎的两侧点上黑点。

9. 用黑色果酱勾出花苞的轮廓。

10. 在左上方及下方画出水草。

11. 用蓝色果酱画出根部线条,用手指慢慢抹开。

12. 将做好的盘饰摆放整齐。

秋 实

　　秋实是由葡萄演变而来，其果实成串多粒，表示"多子多福"，寓意着人丁兴旺；种下一颗种子，结出上万个果实，也寓意着一本万利。

一、材料准备

红色果酱 2g
黑色果酱 2g
绿色果酱 2g

二、制作中需要注意的问题

1. 重点掌握葡萄的画法。
2. 注意线条的画法。
3. 掌握叶子、树枝的画法。

三、制作步骤

1. 在盘中挤出 17 滴红色果酱。

2. 每一滴都用手指慢慢地抹开。

3. 用同样的方法再挤出 5 滴红色果酱。

4. 也用手指慢慢抹开。

5. 用绿色果酱画出线条，并用手指慢慢抹出叶子的形状。

6. 用黑色果酱画出枝干。

7. 先画出粗线，再画出细线。

8. 在葡萄的树枝上抹出叶子。

9. 将画好的盘饰摆放整齐。

鱼

鱼在中国文化里象征着幸福、年年有余，也寓意着人们的工作和生活和谐美满、幸福自在。

二、制作中需要注意的问题

1. 熟练掌握荷叶的画法。
2. 重点掌握鱼的画法。
3. 熟练掌握水草、叶脉、荷茎的画法。

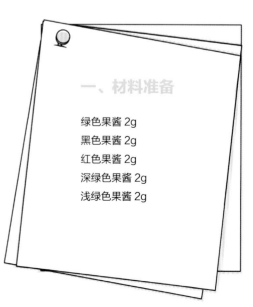

一、材料准备

绿色果酱 2g
黑色果酱 2g
红色果酱 2g
深绿色果酱 2g
浅绿色果酱 2g

三、制作步骤

1. 用绿色果酱挤出弧线条。

2. 将线条抹成背面的荷叶状。

3. 勾出叶脉。

4. 按上述方法抹出半展开的荷叶。

5. 继续勾出叶脉。

6. 画出荷茎。

7. 用黑色果酱画出线条，先粗后细。

8. 用手指慢慢抹开，成鱼的形状。

9. 将头部涂成深黑色。

10. 点出鱼眼。

11. 用斜十字交叉法画出鱼鳞。

12. 画出鱼的背鳍和腹鳍。

13. 用红色果酱按上述方法再画出一条红鱼。

14. 用深绿色果酱和浅绿色果酱搭配画出水草。

15. 用黑色果酱题上字装饰。

虾

虾有吉祥之意。北方喻其为"龙"，有镇宅、吉祥之意；南方喻其为"银子"，取长久富贵之意。虾的身躯弯弯的，却顺畅自如，象征遇事圆满顺畅，节节高升。

一、材料准备

黑色果酱 2g
蓝色果酱 2g

二、制作中需要注意的问题

1. 掌握虾枪、虾须的画法。
2. 重点掌握虾钳、虾腿的画法。
3. 掌握眼睛、尾巴的画法。

三、制作步骤

1. 挤出一点黑色果酱。

2. 向前慢慢抹开。

3. 从一侧画出虾枪。

4. 细线条画出虾须，描出嘴部，体现虾的一面宽一面窄。

5. 挤出眼睛，要突出。

6. 沿虾枪向后画出身体的轮廓。

7. 用手指向下慢慢抹开 5 节，三长两短，画出尾巴。

8. 头部下面画出虾腿，一定要细，由长到短。

9. 画出虾钳，分为三节，画出嘴上的大虾须。

10. 按照上述同样的方法画出第二只虾。

11. 用蓝色果酱在底部抹开，形成水面。

12. 将做好的盘饰摆放整齐。

归 巢

　　归巢是由燕子和柳叶组成，燕子是春天的代表，因为它春天会从南方飞回北方筑巢，寓意着春天的到来，表示春暖花开。燕子还是勤俭持家的代表，寓意着勤劳、节俭。又因为燕子经常成双入对，所以它还有爱情的寓意。

一、材料准备

绿色果酱 2g

黑色果酱 2g

红色果酱 2g

二、制作中需要注意的问题

1. 重点掌握燕子的背部、嘴部、腹部的画法。

2. 掌握翅膀的画法。

3. 掌握柳枝、柳叶的画法。

三、制作步骤

1. 在盘子一侧用黑色果酱抹出鸟头。

2. 接着画出翅膀的轮廓。

3. 用手指慢慢抹开翅膀，并画出两个翅膀的羽毛。

4. 画出燕子的背部。

5. 画出燕子的尾巴。

6. 用黑色果酱画出嘴部及腹部轮廓,注意嘴不要过长。

7. 用黑色果酱点出眼睛，并用红色果酱涂出面部颜色。

8. 依照上述顺序画出第二只燕子。

9. 用黑色果酱画出柳枝。

10. 用蘸有绿色果酱的毛笔画出柳叶。

11. 注意整体布局，画出意境。

望

望是由鸟和树枝组成，寓意着自由、快乐。自由飞翔的鸟正是人们所羡慕的，代表着人们对幸福生活的期盼。

二、制作中需要注意的问题

1. 注意羽毛、树杈的画法。
2. 重点掌握鸟头、翅膀、尾巴的画法。
3. 注意嘴巴不要太长。

一、材料准备

橙色果酱 2g
白色果酱 2g
黑色果酱 2g
黄色果酱 2g
红色果酱 2g

三、制作步骤

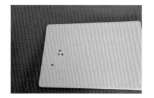

1. 挤出四点橙色果酱。

2. 用手指慢慢向下抹出小鸟的头、翅膀、尾巴的形状。

3. 用黑色果酱画出嘴巴，注意不要太长。

4. 用黄色果酱画出眼周边，用黑色果酱点上眼睛并画出翅膀的下半部分。

5. 用黑色果酱画出尾部的羽毛线条。

6. 用白色果酱勾出羽毛。

7. 用黑色果酱画出身体的轮廓，并画出树枝，注意分叉。

8. 取红色果酱画出线条，用手指慢慢地将红色果酱抹出叶子的形状。

9. 用红色果酱画出鸟爪，抓在树枝上。

10. 用黑色果酱勾出叶脉和叶子轮廓。

11. 用黑色果酱题上字装饰。

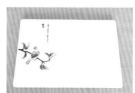

12. 将做好的盘饰摆放整齐。

等 待

等待寓意着归来。一年之计始于春，春暖花开时节，鸟儿从南方归来，代表着人们开始新的一年的生活。

二、制作中需要注意的问题

1. 注意花苞不能画得太大。
2. 重点掌握荷花的画法。
3. 重点掌握翠鸟的画法。

一、材料准备

黑色果酱 2g
绿色果酱 2g
蓝色果酱 2g
橙色果酱 2g
黄色果酱 2g
线红色果酱 2g
深绿色果酱 2g

1. 用浅红色果酱挤出荷花的大小。

2. 用手指慢慢抹开。

3. 依次抹出背面的花瓣，形成一个绽放的荷花。

4. 用黑色果酱勾出花瓣的轮廓。

5. 用黄色果酱画出莲蓬。

6. 用绿色果酱点出莲子。

7. 在花瓣的右上方挤一点浅红色果酱，抹出一个花苞的形状。

8. 用黑色果酱勾出轮廓。

9. 用绿色果酱画出花茎。

10. 用黑色果酱在两侧挤出黑点。

11. 用蓝色果酱挤三点。

12. 慢慢抹出翠鸟的头和翅膀。

13. 再挤出一点蓝色果酱，慢慢抹出尾部。

14. 抹出嘴巴并勾出鸟嘴，鸟嘴要长。

15. 用黑色果酱点出眼睛。

16. 用黑色果酱画出翅膀羽毛、尾部线条、大致线条。

17. 用浅红色果酱描出羽毛。

18. 用橙色果酱画出鸟爪，要抓到花茎上。

19. 用黑色果酱画出隐藏的鸟爪。

20. 用绿色果酱、深绿色果酱画出水草。

21. 将画好的盘饰摆放整齐。

鹤 鸣

鹤鸣是由两只仙鹤组合而成，寓意着延年益寿。仙鹤也是鸟类中非常高贵的一种鸟，代表着人们对长寿、富贵的期望。

一、材料准备

黑色果酱 2g
红色果酱 2g

二、制作中需要注意的问题

1. 掌握仙鹤脖子的画法。
2. 注意仙鹤羽毛、嘴巴、尾巴等细节的画法。

三、制作步骤

1. 用黑色果酱画出第一只仙鹤的脖子。

2. 画一条细线勾出整个脖子的形状。

3. 用红色果酱挤出一点画出鹤顶，鹤嘴要画长一点。

4. 用黑色果酱点上眼睛，画出翅膀的轮廓。

5. 用手指慢慢将黑色果酱抹开。

6. 用毛笔蘸上黑色果酱画出羽毛。

7. 勾出身体的轮廓。

8. 用相同方法画出另一个翅膀。

9. 用黑色果酱画出两条鹤腿。

10. 用毛笔画出尾巴。

11. 用黑色果酱画出第二只鹤的脖子。

12. 头部及脖子的画法和第一只一样。

13. 画出身体的轮廓。

14. 勾出翅膀的线条，线条要细。

15. 画出两条腿的形状。

16. 用毛笔画出尾巴。

17. 画出波纹，体现鹤站在水里的感觉。

18. 将画好的盘饰摆放整齐。

恋

恋是由两只相互依恋的鸟组成，寓意着相互依靠，也代表着人们在生活中相互帮助、相互依赖。

二、制作中需要注意的问题

一、材料准备

黑色果酱 2g

橙色果酱 2g

1. 重点掌握小鸟的画法。

2. 掌握石洞轮廓的画法。

3. 重点掌握竹杆、竹叶等细节的画法。

三、制作步骤

1. 用黑色果酱在盘中画出一条粗线条。

2. 用竹节刀刮出竹杆的形状。

3. 将中间部分擦掉。

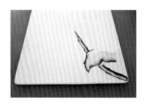

4. 用黑色果酱在盘中画出线条，抹出石头的轮廓。

5. 在石头侧面用橙色果酱上色，中间画出一个椭圆形石洞。

6. 在竹子的一侧挤出两点黑色果酱，慢慢地抹出两只小鸟的头部。

7. 画出小鸟的嘴巴和眼睛，身体的腹部用橙色果酱抹开。

8. 用黑色果酱画出羽毛，勾出尾巴的形状。

9. 画出细小的竹杆，布局要合理。

10. 用勾线笔画出竹叶。

11. 在石头下面涂上黑色果酱，用手指慢慢地抹开，形成地面。

12. 将画好的盘饰摆放整齐。

Part 3

面塑类

兰 花

兰花是高洁、典雅、坚贞不渝的象征。兰花若形容女子，寓意为气质如兰、蕙质兰心；若形容男子，则寓意为温文尔雅、淡泊名利、高洁。

一、材料准备

淡紫色面团 50g
绿色面团 50g
白色面团 50g
黄色面团 50g

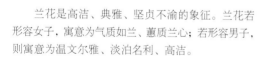

二、制作中需要注意的问题

1. 重点掌握花瓣的制作。
2. 掌握花苞的制作。
3. 注意叶子的制作细节。

1. 取淡紫色面团搓成小球。

2. 将小面球压成扇形薄片。

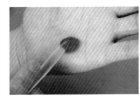

3. 用塑刀压出纹理，做成花瓣，根据需要再做出几个花瓣。

4. 取淡紫色的小面球搓成椭圆形，一端略粗一点。

5. 将椭圆形的面团压成薄片，用塑刀压出纹理，做成萼片（一个中裂片，两个侧裂片）。

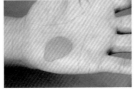

6. 取淡紫色的小面球，压成薄片，上宽下窄。

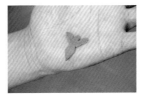

7. 用塑刀切出唇瓣。

8. 将切好的唇瓣做成弯曲的形状。

9. 把做好的两个花瓣粘在一起。

10. 在两个花瓣下面粘上中萼片和两个侧萼片。

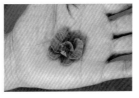

11. 在花瓣上面粘上做好的弯曲唇瓣。

12. 在唇瓣中间用黄色的小面球做成蕊柱。

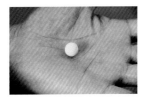

13. 把绿色面团加点白色面团调成淡绿色面团，搓成小球。

14. 用塑刀压出纹路，做成花苞。

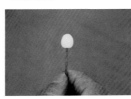

15. 把花苞插在铁丝上。

16. 将做好的花苞用上色机喷上淡紫色。

17. 将几个花苞用胶带纸依次缠起来。

18. 把做好的花瓣粘在铁丝上，用胶带纸依次缠起来。

19. 把组合好的花插在小花盆里。

20. 取绿色面团搓成中间稍粗一点的长条。

21. 将长条面团压扁，再用塑刀压出叶脉纹路做成叶子（做8～12片）。

22. 把做好的叶子插在花茎根部。

23. 将淡紫色面团、绿色面团、白色面团、黄色面团揉在一起，揉4～6个鹅卵石的形状，放在花盆里。

24. 将做好的盘饰摆放整齐。

一枝独秀

一枝独秀是由花和树叶组合而成，寓意着在同类事物中最为突出、最为优秀；同时也鼓励人们要不断地努力，争取让自己成为最优秀的人才。

二、制作中需要注意的问题

1. 重点掌握花心的制作。
2. 掌握花瓣纹路的制作。
3. 熟练制作叶子的纹路。

一、材料准备

棕色面团 50g

红色面团 50g

深绿色面团 50g

黄色面团 50g

浅绿色面团 50g

铁丝 0.5 米

胶带 1 米

1. 用铁丝做出支架,并用胶带缠绕一圈。

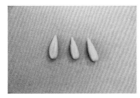

2. 取浅绿色面团做成花心(3个)。

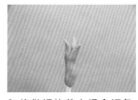

3. 将做好的花心组合好备用。

4. 取黄色面团做出花蕊,放凉备用(50～100根)。

5. 将做好的花蕊一层一层地组合到花心上,做好备用。

6. 取浅绿色面团搓成一头尖一头粗的长条。

7. 做出叶子的形状,用塑刀压出叶子的纹路。

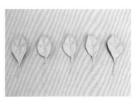

8. 将做好的叶子放凉备用。

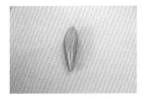

9. 取深绿色面团搓成一头尖一头粗的长条。

10. 做出叶子的形状,用塑刀压出叶子的纹路。

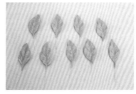

11. 将做好的叶子放凉备用。

12. 将深绿色的叶子组合到支架的底部。

13. 将浅绿色的叶子组合到支架的上端。

14. 取棕色面团缠绕支架一圈。

15. 用塑刀压出纹路。

16. 取红色面团搓成圆柱状。

17. 压出花瓣的形状,并用塑刀压出纹路。

18. 将做好的花瓣备用。

19. 将花瓣组合到花蕊上。

20. 将做好的花瓣组合到支架上。

21. 将做好的**盘饰**摆放整齐。

鸟语花香

鸟语花香是由鸟、花苞、花朵组合而成，寓意着春暖花开，也代表着人们忙碌、幸福、快乐地生活。

二、制作中需要注意的问题

1. 注意根据需要制作花瓣的数量。
2. 重点掌握小鸟的制作细节。
3. 掌握羽毛的制作技巧。

一、材料准备

红色面团 50g
黄色面团 50g
绿色面团 50g
蓝色面团 50g

三、制作步骤

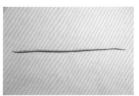

1. 取一块绿色面团搓成中间粗、两头细的枝条。

2. 将枝条缠在盘子的边缘。

3. 用红色面团做出花心。

4. 取一块红色面团搓成圆球。

5. 将圆球搓成圆柱状。

6. 用手指压出花瓣的形状。

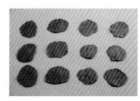

7. 根据需要做出花瓣数量备用（9 ~ 16 个）。

8. 先包出里面的花苞。

9. 再按照 2335 的顺序依次包上花瓣，共四层。

10. 将做好的花瓣组合在枝条上。

11. 取一块绿色面团搓成水滴状。

12. 将水滴状面团压扁成叶子的形状。

13. 用塑刀压出纹路。

14. 将叶子组合在枝条上。

15. 将做好的花苞放在枝条上面。

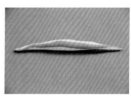

16. 取蓝色面团捏出小鸟身体的形状。

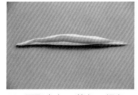

17. 再取白色、蓝色、绿色、红色面团搓成橄榄状的长条。

18. 将搓好的长条做成翅膀。

19. 把翅膀组合在鸟的身体上。

20. 做出眼睛和嘴巴，并做出头上的鸟冠。

21. 取红色、黄色面团压扁，并用剪刀剪成羽毛。

22. 把尾巴组合在鸟的身上。

23. 将鸟组合到盘中并做出黄色的爪子。

24. 将做好的盘饰摆放整齐。

葫芦满藤

葫芦满藤是指一根葫芦藤上结了满满的葫芦，代表着丰收，也寓意着人们只要勤奋，踏踏实实地劳作，就能有收获。

二、制作中需要注意的问题

1. 掌握葫芦的制作细节。
2. 掌握支架的制作。
3. 掌握叶子的对折原理。

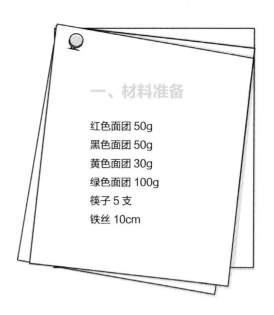

一、材料准备

红色面团 50g

黑色面团 50g

黄色面团 30g

绿色面团 100g

筷子 5 支

铁丝 10cm

三、制作步骤

1. 用筷子和铁丝做出支架，用红色面团和黑色面团调出棕色面团，并在支架上包上一层棕色面。

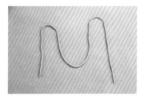

2. 取一块绿色面团搓成长条备用。

3. 将长条缠到做好的葫芦架上，作为藤条。

4. 取一块绿色面团做成中间粗、两头细的小条。

5. 将细条对折做出叶子。

6. 把做好的叶子组合在制作好的藤上。

7. 取一块黄色面团搓成球。

8. 揪出葫芦和藤的连接处。

9. 用塑刀在球的中间压出葫芦的形状（根据需要做出3 ~ 5个）。

10. 将做好的葫芦组合在支架上。

11. 将做好的盘饰放到盘中。

蛙 趣

蛙趣是由青蛙和莲藕组合而成，青蛙是有益的动物，能除害虫，保护庄稼，寓意着丰收。又因青蛙中的"蛙"字同娃娃的"娃"字谐音，也寓意着多子多福、儿孙满堂。

一、材料准备

深绿色面团 50g
红色面团 50g
黑色面团 50g
白色面团 50g
绿色面团 50g

二、制作中需要注意的问题

1. 重点掌握青蛙的制作细节。
2. 掌握花瓣的制作细节。
3. 重点掌握荷叶的制作。

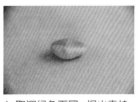

1. 取深绿色面团，捏出青蛙的身体。

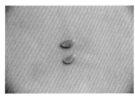

2. 再取深绿色面团，捏出青蛙的前腿。

3. 捏出青蛙的后腿。

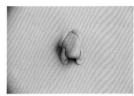

4. 将前腿、后腿组合到青蛙的身上。

5. 取深绿色面团捏出青蛙的前后爪子。

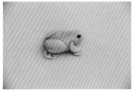

6. 用黑色面团做出眼睛并组合上爪子。

7. 用染料给青蛙上色。

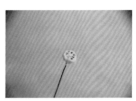

8. 取绿色面团做出花心，点出形状。

9. 在花心外面包一层黄色的花蕊。

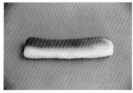

10. 将红色面团和白色面团合在一起拉出渐变色。

11. 将合成的面团剪成 0.5 厘米的长条备用。

12. 将剪好的长条捏成花瓣备用。

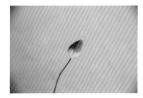

13. 用红色面团、白色面团做出一个含苞待放的花苞。

14. 用绿色面团捏出荷叶，用塑刀压出荷叶的纹路。

15. 取白色面团做出莲藕。

16. 在连接处用黑色面团做出泥巴的形状。

17. 用同样的方法再做一个断了的莲藕，并点上小孔。

18. 将荷叶、花苞组合到莲藕上。

19. 将做好的花瓣组合好后插在莲藕上。

20. 将青蛙放在莲藕旁。

21. 将做好的盘饰摆放整齐。

一帆风顺

　　一帆风顺是由船和大海组成，船在海中自由自在地航行，寓意着风调雨顺、事事顺利，也寓意着人们事业有成。

一、材料准备

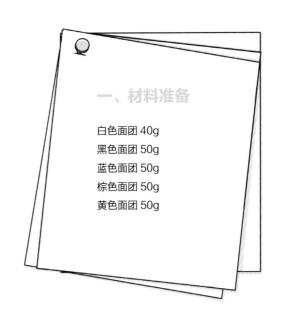

白色面团 40g

黑色面团 50g

蓝色面团 50g

棕色面团 50g

黄色面团 50g

二、制作中需要注意的问题

1. 掌握小船的制作细节。

2. 重点掌握海浪的制作要点。

3. 注意制作船帆的面片要大小不同。

三、制作步骤

1. 取蓝色面团做出不规则的底座。

2. 取棕色面团做出小船的形状。

3. 取黄色面团搓一个长条做出船杆。

4. 取白色面团压成片，剪出大小不同的块作为船帆。

5. 将船帆与船杆组合好。

6. 将组装好的船帆、船杆组合到小船上。

7. 取白色面团与蓝色面团合在一起，拉出渐变色。

8. 将渐变面团剪成宽 0.5 厘米的长条。

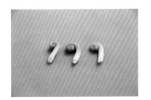

9. 捏出海浪的形状。

10. 将做好的小船、海浪、底座组合到一起。

11. 将做好的盘饰摆放整齐放入盘中。

拔萝卜

拔萝卜是由小人和胡萝卜组合而成，寓意着秋天的收获，同时也代表着人们只要勤劳、付出，就一定会有收获的一天。

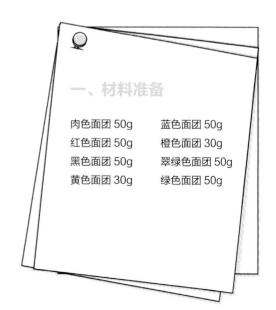

一、材料准备

肉色面团 50g   蓝色面团 50g

红色面团 50g   橙色面团 30g

黑色面团 50g   翠绿色面团 50g

黄色面团 30g   绿色面团 50g

二、制作中需要注意的问题

1. 重点掌握小人头部制作的细节。
2. 掌握衣服、鞋子、腰带的制作。
3. 掌握胡萝卜的制作。

三、制作步骤

1. 取一块肉色面团做成人头的形状。

2. 用塑刀压出眼窝、鼻子及开出嘴巴，并取一点红色面团做出嘴唇。

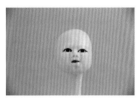

3. 用塑刀开出眼，并取黑色面团做出眼珠、睫毛。

4. 取一块肉色面团做出耳朵，并用塑刀压出细节。

5. 用黑色面团做出眉毛和头发，并用塑刀压出细节。

6. 取一块肉色面团捏出身体，并用黄色面团做出腿的形状。

7. 取黑色面团做出鞋子，并用肉色面团做出胳膊。

8. 将红色面团擀成大片包在身体上作为衣服，用塑刀压出衣褶；用蓝色面团做出蝴蝶式的腰带粘在腰上，用塑刀压出手掌。

9. 把之前做好的头部组合到身体上。

10. 用黄色面团做出衣服的扣子，并剪出手形。

11. 取一块翠绿色面团做出底座，再用橙色面团做出半根胡萝卜组合在底座上。

12. 取一块绿色面团做出叶子（做 6～10 个），并用塑刀压出纹路。

13. 将小人、叶子组合到胡萝卜上，并用绿色面团做出细条围在胡萝卜旁边。

14. 用橙色面团跟翠绿色面团做出 3 个小胡萝卜放在底座上做装饰。

15. 将做好的盘饰摆放整齐。

依 恋

　　依恋是由两头相互依偎在一起的小猪组成，寓意着相亲相爱，同时也代表着甜蜜、幸福的恋人。

二、制作中需要注意的问题

1. 重点掌握小猪面部的制作。
2. 掌握小草的制作。
3. 掌握小猪身体、尾巴的制作。

一、材料准备

肉色面团 50g

红色面团 50g

黑色面团 50g

黄色面团 30g

大红色面团 50g

绿色面团 50g

三、制作步骤

1. 将肉色面团和红色面团合在一起调出粉色面团。

2. 取粉色面团捏出猪的身体部分。

3. 用塑刀压出眼窝、脸蛋。

4. 用大红色面团做出鼻子、嘴巴并压出眼睛的纹路，用黑色面团做出眼睫毛。

5. 取粉色面团做出耳朵。

6. 用剪刀剪出小猪的四肢。

7. 用黑色面团做出猪蹄，用粉色面团做出尾巴并用塑刀压出屁股。

8. 用红色面团做出蝴蝶结组合到猪的耳朵上。

9. 取黄色面团用同样的方法做出第二只小猪，给猪开出眼窝。

10. 用黑色面团做出眼珠、睫毛。

11. 取黄色面团做出耳朵，剪出小猪的四肢，用黑色面做出猪蹄，用黄色面团做出尾巴并用塑刀压出屁股。

12. 取绿色面团做出底座。

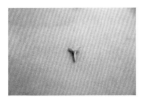

13. 取绿色面团，捏出几个小草（做 3 ~ 6 棵）。

14. 把小猪组合到底座上，并放上小草。

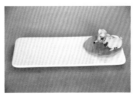

15. 将做好的盘饰放入盘中。

瓜果飘香

瓜果飘香是由花、西瓜、茄子、梨、胡萝卜、黄瓜、苹果等组合而成，代表着丰收的喜悦。

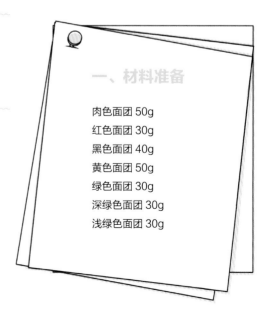

一、材料准备

肉色面团 50g

红色面团 30g

黑色面团 40g

黄色面团 50g

绿色面团 30g

深绿色面团 30g

浅绿色面团 30g

二、制作中需要注意的问题

1.重点掌握花朵的制作。

2.掌握篮子、底座的制作。

3.掌握梨、西瓜、茄子、胡萝卜、黄瓜、苹果的制作。

三、制作步骤

1. 取肉色面团捏出果篮的底筐。

2. 做出篮子的手柄并与底筐组合好。

3. 取深绿色面团做出篮子的底部。

4. 取浅绿色面团做出底座备用。

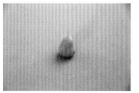

5. 取黄色面团捏出梨的轮廓。

6. 用黑笔对梨进行上色，点出密密麻麻的点。

7. 取绿色面团捏出西瓜的轮廓。

8. 用染料对西瓜进行上色，并做出西瓜的瓜藤。

9. 取绿色面团捏出黄瓜的轮廓。

10. 用黑笔对黄瓜进行上色。

11. 用黑色面团和红色面团调出棕色面团后捏出茄子，用绿色面团做出茄头。

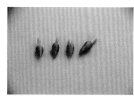

12. 用红色面团与绿色面团捏出 4 个胡萝卜。

13. 用红色面团与绿色面团捏出 3 个苹果。

14. 用红色面团做出花心。

15. 取一块红色面团先搓成球，再把球搓成圆柱状。

16. 用手指压出花瓣的形状。

17. 根据需要做出花瓣的数量备用（做 9 ~ 16 片）。

18. 包出里面的花苞。

19. 按照 2335 的顺序依次包上花瓣，共四层。

20. 将做好的花、水果、蔬菜、篮子、底座放入盘中组合好。

21. 将做好的盘饰摆放在盘中。

称心如意

如意是吉祥、顺心的象征，代表着人们对美好生活最真切的向往。

二、制作中需要注意的问题

1. 重点掌握如意细节的制作。
2. 掌握如意底座、支架的制作。
3. 掌握心形、元宝的制作。

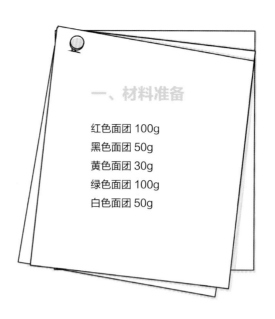

一、材料准备

红色面团 100g

黑色面团 50g

黄色面团 30g

绿色面团 100g

白色面团 50g

三、制作步骤

1. 用黑色面团与红色面团调出棕色面团，取部分棕色面团做成长方体的底座。

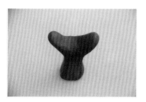

2. 取棕色面团捏出如意的"Y"形支架。

3. 用黄色团面捏出心形装饰品。

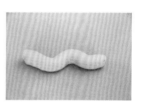

4. 取黄色面团捏出如意弯曲的手柄。

5. 取黄色面团捏出如意前后的两个柄端，并做出细节。

6. 用黄色面团做出元宝，并涂上金色材料。

7. 将如意和支架组合到一起。

8. 用绿色面团、白色面团进行调和，做出玉石一样的颜色并捏成圆形。

9. 把玉石组合在如意上面。

10. 取黄色面团捏出玉石的槽，用同样的方法捏出长方形的宝石，组合到如意的中间，取红色面团做出形状围在玉石周边。

11. 将心形、元宝放在支架上做装饰。

12. 将做好的盘饰摆放在盘中。

神仙鱼

　　鱼象征着富贵吉祥，两条鱼也象征着爱情。鱼的寓意是比较美好的，所以在日常生活中，人们喜欢用鱼来表达美好的祝福之意。

二、制作中需要注意的问题

1. 重点掌握鱼鳍、鱼尾的制作。
2. 掌握海浪的制作。
3. 掌握鱼鳞的制作，并注意间隔。

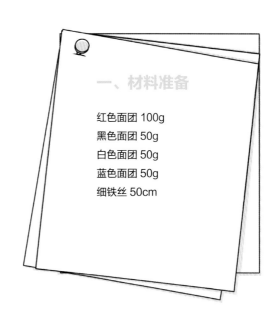

一、材料准备

红色面团 100g

黑色面团 50g

白色面团 50g

蓝色面团 50g

细铁丝 50cm

三、制作步骤

1. 用细铁丝做出支架的形状。

2. 取红色面团做出鱼的身体并压出嘴巴。

3. 取红色面团做出鱼鳍、鱼尾并组合在鱼的身体上。

4. 用黑色面团和白色面团做出眼睛，用 U 形刀压出鱼鳞。

5. 用上述方法再做一只相同的鱼。

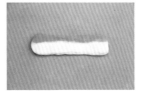

6. 取蓝色面团、白色面团合在一起，拉成渐变色。

7. 将合成的面团剪成宽 0.5 厘米的块状。

8. 将块状做成海浪的形状。

9. 将鱼组合在支架上。

10. 将做好的海浪组合在支架上。

11. 将做好的盘饰摆放在盘中。

归

归是由两只鸭子组合而成，寓意着回归、归来，也代表着人们对前程远大、学业有成、幸福美满的期许。

二、制作中需要注意的问题

1. 掌握天鹅形状的制作。
2. 掌握天鹅羽毛、眼睛、嘴巴、翅膀的制作。
3. 掌握波浪的制作。

一、材料准备

蓝色面团 100g
黑色面团 20g
黄色面团 30g
白色面团 100g

三、制作步骤

1. 取蓝色面团压成饼状做出底座。

2. 将蓝色面团与白色面团合在一起拉出渐变色。

3. 将合成的面团剪成 0.5 厘米的长条状。

4. 将长条状做成波浪形备用。

5. 用白色面团捏出天鹅的形状。

6. 用黑色面团做出眼睛，用黄色面团做出嘴巴。

7. 用 U 形刀压出羽毛，用塑刀压出尾巴。

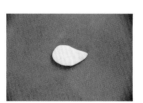

8. 取白色面团做出一个翅膀的形状。

9. 用 U 形刀压出翅膀的羽毛。

10. 把翅膀组合到天鹅上，用同样的方法再做一只天鹅。

11. 将两只天鹅放在底座上，并做好的波浪放在天鹅的身旁。

12. 将做好的盘饰放入盘中。

Part 4

意境类

果蔬类（一）

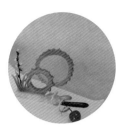

二、制作中需要注意的问题

1. 掌握圆环细节的制作。
2. 掌握锯齿状的制作。
3. 掌握小草形状的制作。

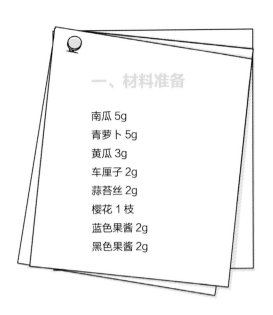

一、材料准备

南瓜 5g
青萝卜 5g
黄瓜 3g
车厘子 2g
蒜苔丝 2g
樱花 1 枝
蓝色果酱 2g
黑色果酱 2g

三、制作步骤

1. 将青萝卜切成 1 厘米的薄片底座，用 U 形刀将边缘修成锯齿状。

2. 将南瓜切成宽 1 厘米的圆片，并用圆规画出圆形，刻出两个圆环。

3. 取下刻好的圆环，用 U 形刀将边缘修成锯齿状。

4. 将两个圆环错开固定在一起。

5. 将固定好的圆环与青萝卜底座固定好。

6. 取黄瓜皮刻成小草的形状。

7. 取蓝色果酱、黑色果酱在盘子的一侧抹出线条。

8. 将做好的南瓜环放在盘子的一侧。

9. 将刻好的小草放到底座上。

10. 将蒜苔丝、车厘子放在一旁装饰。

11. 将樱花固定在小草的后面。

12. 将做好的盘饰放到盘中摆放整齐。

果蔬类（二）

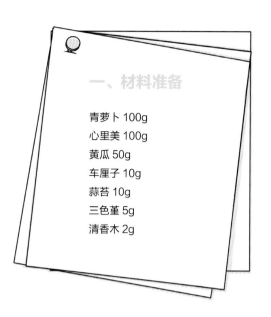

一、材料准备

青萝卜 100g
心里美 100g
黄瓜 50g
车厘子 10g
蒜苔 10g
三色堇 5g
清香木 2g

二、制作中需要注意的问题

1. 重点掌握心里美的切法。
2. 掌握将黄瓜削成薄片的方法。
3. 注意蒜台切成的细丝要放入水中浸泡。

三、制作步骤

1. 将心里美切成 1 厘米厚的长方形。

2. 两侧片开至中间不断。

3. 两面分别用斜十字交叉切法切开。

4. 将切好的心里美拉开成网状备用。

5. 将青萝卜切成 1 厘米厚的长方形做底座。

6. 用削刀将黄瓜削成长薄片备用。

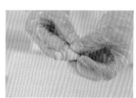

7. 将切好的黄瓜卷成螺旋状。

8. 将蒜苔拉成细丝，泡水备用。

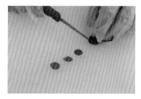

9. 将车厘子切成圆形薄片备用。

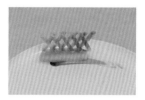

10. 用蓝色果酱画出线条，用手指慢慢抹开，将青萝卜、心里美固定在盘中。

11. 将清香木放入螺旋状的黄瓜中，放入蒜苔丝、三色堇装饰。

12. 依次放上车厘子点缀。

二、制作中需要注意的问题

1. 重点掌握将南瓜、青萝卜切成齿轮状。
2. 掌握将南瓜修成月牙形的技巧。
3. 掌握将红菜头修成心形片的技巧。

一、材料准备

青萝卜 100g

红菜头 100g

南瓜 50g

车厘子 10g

三色堇 2 朵

迷迭香 2g

三、制作步骤

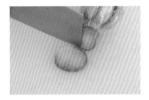

1. 取青萝卜切成 1 厘米厚的圆片。

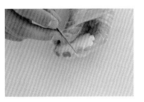

2. 用雕刻刀将青萝卜边缘修成齿轮状。

3. 取南瓜将其切成 2 厘米厚的圆片。

4. 用雕刻刀将南瓜修成月牙形。

5. 取红菜头将其切成 1 厘米厚的圆片。

6. 用雕刻刀将红菜心修成心形。

7. 将修好的心形，用雕刻刀从中间掏空。

8. 将掏空的两个心形固定在一起。

9. 将心形固定到月牙上，然后再固定到底座上，放在盘子里。

10. 将迷迭香放在月牙后面。

11. 将车厘子、三色堇放在月牙周围进行装饰。

12. 将做好的盘饰放在盘中摆放整齐。

果蔬类（四）

二、制作中需要注意的问题

1. 重点掌握将圣女果裹上糖液后成形的过程。
2. 能熟练地用黑色果酱画出线条。
3. 注意火候的掌握。

一、材料准备

圣女果 10g
康乃馨 2 朵
蓬莱松 1 束
白糖 20g
黑色果酱 2g

三、制作步骤

1. 将白糖放入不锈钢锅内熬至拔丝状。

2. 用工具固定好圣女果,放到糖液中裹匀。

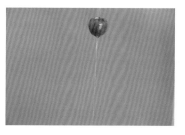

3. 取出圣女果让糖液自然冷却成形。

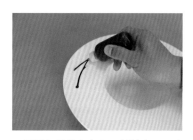

4. 用黑色果酱在盘子一侧斜交叉画出两条线。

5. 将圣女果放在交叉点上。

6. 将蓬莱松分成四小份依次放上。

7. 将康乃馨放上点缀。

8. 将做好的盘饰摆放整齐。

果蔬类（五）

二、制作中需要注意的问题

1. 重点掌握将樱桃萝卜刻成花卉形状的操作方法。

2. 掌握将黄瓜削成薄片的操作方法。

3. 掌握将紫色果酱在盘中画出弧形的操作方法。

一、材料准备

樱桃萝卜 100g

紫色果酱 2g

黄瓜 50g

花卉 5g

散尾竹 2g

三、制作步骤

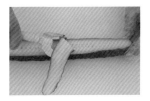

1. 将黄瓜削成薄片。

2. 从一头卷起，做成圆柱状备用。

3. 将樱桃萝卜用刻刀刻出花纹。

4. 刻成立体六角形状。

5. 从中间切开，去掉废料。

6. 刻成花卉的形状。

7. 用果酱壶和紫色果酱在盘子边缘画出弧形。

8. 依次由高到低放上做好的黄瓜卷。

9. 将准备好的花卉装到圆柱黄瓜卷中间进行点缀，放上刻好的花卉和散尾竹。

10. 将做好的盘饰摆放整齐。

果蔬类（六）

二、制作中需要注意的问题

1. 重点掌握心里美的切法。
2. 整体布局要合理。

一、材料准备

散尾竹 2g
心里美 100g
樱桃萝卜 10g
蓬莱松 5g
薄荷叶 5g
红色果酱 2g

三、制作步骤

1. 将散尾竹改刀做成菱形状。

2. 取心里美切成薄片。

3. 将切好的心里美均匀地摆成扇形。

4. 将樱桃萝卜用刻刀刻出花纹。

5. 再刻成立体六角形状。

6. 从中间切开，去掉废料。

7. 刻出花卉的形状。

8. 将心里美摆放在盘子的一角。

9. 将散尾竹固定到心里美的后面。

10. 用红色果酱画出 Z 字线条。

11. 将薄荷叶、蓬莱松放置在线条周边进行点缀。

12. 将做好的盘饰摆放整齐。

果蔬类（七）

二、制作中需要注意的问题

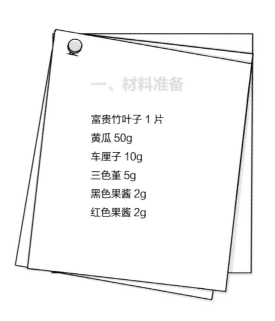

一、材料准备

富贵竹叶子 1 片

黄瓜 50g

车厘子 10g

三色堇 5g

黑色果酱 2g

红色果酱 2g

1. 重点掌握将黄瓜片开，但中间不断的方法。

2. 熟练操作将富贵竹叶子划开，并将其中两束叶子弯曲固定的过程。

3. 整体布局要合理。

三、制作步骤

1. 将黄瓜一端用刻刀片开（注意中间不能断）。

2. 两侧刻成锯齿状。

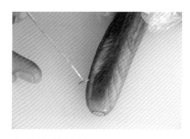

3. 将其废料去掉。

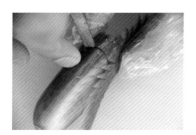

4. 把下面两端的黄瓜去掉。

5. 泡水后将黄瓜固定成圆形。

6. 将富贵竹叶子划开成 3 束，其中两束弯曲固定。

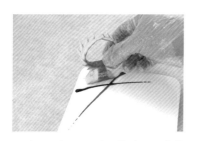

7. 盘子一角用黑、红果酱交叉画出线条，将黄瓜圈放置于线条上侧。

8. 将富贵竹叶子固定在黄瓜圈上，依次放上车厘子、三色堇。

9. 将做好的盘饰摆放整齐。

果蔬类（八）

二、制作中需要注意的问题

1. 重点掌握蘑菇造型的做法。
2. 熟练操作黄瓜的造型制作。

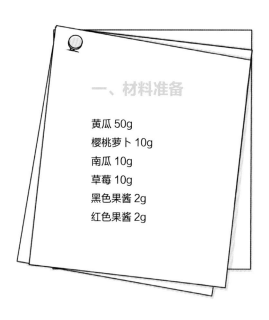

一、材料准备

黄瓜 50g

樱桃萝卜 10g

南瓜 10g

草莓 10g

黑色果酱 2g

红色果酱 2g

三、制作步骤

1. 将黄瓜用刻刀从中间交叉划开。

2. 分成两段后将开口的一端皮肉分开,做出伞状备用。

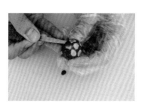

3. 用刻刀将樱桃萝卜刻出蘑菇的形状。

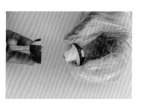

4. 用刻刀刻出蘑菇的菌丝体,去掉多余的废料。

5. 将南瓜切成厚1厘米的薄片,修成三角形,用刀具戳出圆洞。

6. 将草莓切成薄片备用。

7. 用黑色果酱在盘子一侧抹出线条。

8. 放上雕刻好的黄瓜。

9. 放上雕刻好的南瓜。

10. 放上雕刻好的樱桃萝卜、草莓。

11. 用红色果酱由内向外由大变小点出圆点状,

12. 将做好的盘饰摆放整齐。

果蔬类（九）

二、制作中需要注意的问题

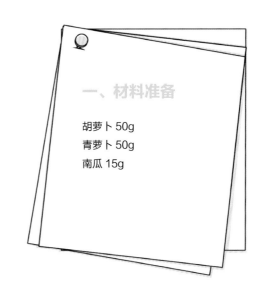

一、材料准备

胡萝卜 50g

青萝卜 50g

南瓜 15g

1. 重点掌握葫芦造型的制作细节。

2. 熟练操作叶子的制作。

3. 布局要合理。

三、制作步骤

1. 将胡萝卜切成 7 厘米左右的段，用 V 形刀刻出葫芦的大致形状。

2. 用刻刀去掉废料，修成葫芦的形状。

3. 用砂纸打磨光滑。

4. 做出两个葫芦备用（上小下大）。

5. 取南瓜用 U 形刀刻出五角形小花状。

6. 并用 U 形刀将小花取下备用。

7. 将青萝卜先用铅笔画出枝干的大体形状，然后用刻刀划出枝干。

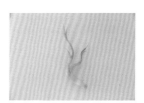

8. 将刻好的枝干取下，去掉废料。

9. 用铅笔画出叶子的大体形状，用拉线刀刻出叶脉纹路。

10. 用刻刀刻出叶子的形状。

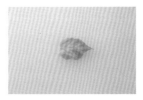

11. 将刻好的叶子取下备用。

12. 将南瓜切成 1 厘米厚的薄片，做成底座。

13. 将两个葫芦固定在底座上。

14. 将叶子、枝干、小花分别放在葫芦的顶端与底座上。

15. 将做好的盘饰摆放整齐。

果蔬类（十）

一、材料准备

芋头 50g
青萝卜 50g
南瓜 15g
支架 1 个

二、制作中需要注意的问题

1. 重点掌握花瓣的制作细节。
2. 熟练操作叶子的制作。
3. 整体布局要合理。

三、制作步骤

1. 将芋头用大号 U 形刀戳出凹形。

2. 用刻刀刻出花瓣的大体形状，花瓣形状两头窄、中间宽，成椭圆形。

3. 沿花瓣边缘将花瓣取下备用。

4. 将南瓜用小号 U 形刀戳出花心大体形状。

5. 沿此形状刻出花心并取下。

6. 花心成六角形，中心下凹。

7. 将青萝卜用拉线刀拉出叶脉。

8. 用刻刀划出叶子的大体形状，并用刻刀将其取下。

9. 将刻好的叶子备用，叶子要有长有短，且根窄头宽。

10. 将芋头用刻刀刻出花卉底座，成圆锥形，并固定在支架上。

11. 把每个花瓣和花心组装成花卉，每朵花有六片花瓣。

12. 将组装好的花卉固定在底座上。

13. 将叶子固定在支架底部，长短搭配要合理。

14. 将所用原料修成不规则的小石子形状放在盘子底部进行装饰。

15. 将做好的盘饰摆放整齐。

果蔬类（十一）

二、制作中需要注意的问题

1. 重点掌握花瓣的制作细节。
2. 熟练操作叶子的制作。
3. 熟练掌握花蕊的制作方法。

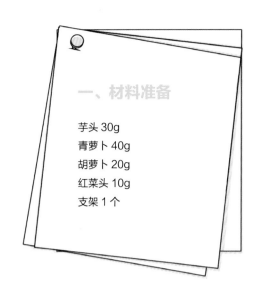

一、材料准备

芋头 30g

青萝卜 40g

胡萝卜 20g

红菜头 10g

支架 1 个

三、制作步骤

1. 用画线笔在芋头上画出花瓣的轮廓。

2. 用刻刀去掉废料，做出大致形状。

3. 用刻刀横向刻出薄花瓣。

4. 花瓣底部用红菜头涂抹上色。

5. 将上好色的花瓣备用。

6. 用 U 形刀将胡萝卜刻出花蕊。

7. 将花蕊用刻刀修形。

8. 用青萝卜削薄皮将花瓣和花蕊固定在一起，做出花朵的形状。

9. 用拉线刀将青萝卜皮刻出叶子的大致形状和叶脉。

10. 用刻刀沿大型取下叶子，叶子要薄。

11. 将做好的叶子备用。

12. 将做好的花朵组装固定到支架上。

13. 将叶子由上至下合理地组装到支架上。

14. 最后将做好的盘饰摆放整齐。

果蔬类（十二）

一、材料准备

心里美 40g

青萝卜 50g

芋头 50g

铁丝支架 1 个

二、制作中需要注意的问题

1. 重点掌握花瓣的制作细节。

2. 熟练操作叶子的纹路制作。

3. 熟练掌握花盆的制作方法。

三、制作步骤

1. 用画线笔在心里美上画出花瓣的大致形状。

2. 用刻刀沿大致形状去掉废料。

3. 用刻刀刻出花瓣。

4. 将做好的花瓣备用（花瓣要薄）。

5. 用 U 形刀将青萝卜戳出圆柱形，用来粘接固定花瓣。

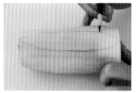

6. 用画线笔画出叶子的大致形状。

7. 用刻刀沿叶子大形刻出叶子。

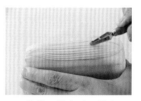

8. 用拉线刀拉出叶面纹路。

9. 用刻刀沿叶子大形将叶子取下，（叶子要薄）将取下的叶子备用。

10. 将芋头切成长方形，底部修窄。

11. 上部掏空至一半成花盆状。

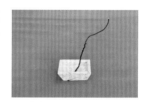

12. 将铁丝支架组装固定在花盆内。

13. 将花瓣固定在圆柱上。

14. 组装花瓣，注意外大内小。

15. 将组装好的花瓣固定到铁丝支架上。

16. 将叶子固定在根部花盆内。

17. 将边角料切成小丁放在花盆内进行装饰。

18. 将做好的盘饰摆放整齐。

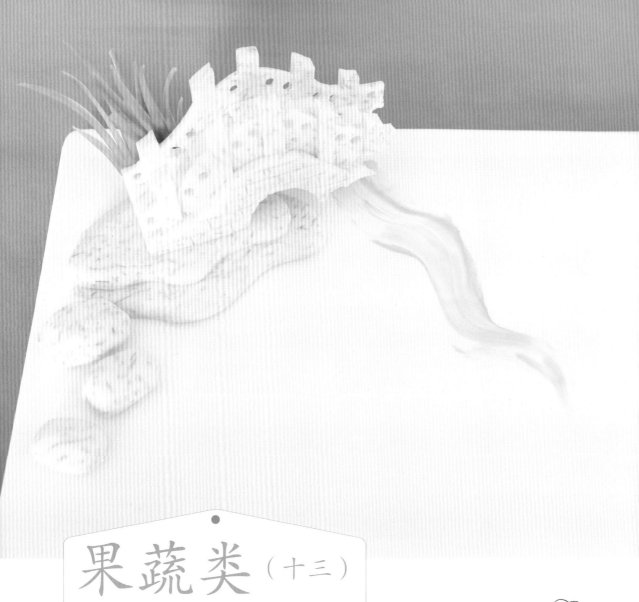

果蔬类（十三）

二、制作中需要注意的问题

1. 重点掌握桥的制作细节。
2. 熟练操作小草的制作。
3. 掌握石头的制作方法。

一、材料准备

芋头 50g
青萝卜 15g
蓝色果酱 2g

三、制作步骤

1. 取芋头用刀切成长方形，用画线笔在上面画出拱桥的形状。

2. 用 U 形刀将多余的废料去除。

3. 沿线条将一侧的桥面刻出。

4. 用 U 形刀戳出桥洞，去除废料。

5. 用拉线刀刻出桥面砖块的纹路。

6. 用刻刀刻出桥梁一侧栏杆的大致形状，去除另一侧栏杆多余的废料。

7. 用 U 形刀将桥面掏空，去掉多余的废料。

8. 将桥面修成平面，保证两边栏杆要对称。

9. 用刻刀雕出桥面的台阶。

10. 用小号 U 形刀在栏杆上面戳出小洞做装饰。

11. 将一端的桥头用拉刀去掉，修出破旧的感觉，以突出意境。

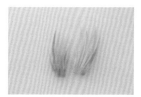

12. 取青萝卜皮刻成小草。

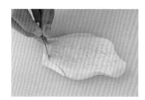

13. 将部分芋头切成 2 厘米的片状，修成石头状。

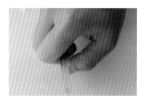

14. 另取芋头修成小石头做装饰备用。

15. 将做好的小桥组装在石头上，并放入盘中。

16. 将小草、石头依次装上，用蓝色果酱做出波浪的感觉。

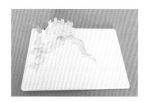

17. 将做好的盘饰摆放整齐。

果蔬类（十四）

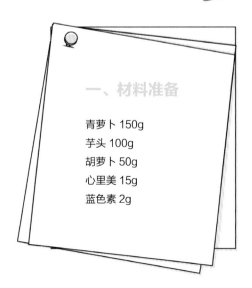

一、材料准备

青萝卜 150g
芋头 100g
胡萝卜 50g
心里美 15g
蓝色素 2g

二、制作中需要注意的问题

1. 重点掌握椰树的制作细节。
2. 熟练操作椰树叶子的制作。
3. 掌握小草的制作方法。

1. 取青萝卜备用。

2. 用画线笔画出椰树的形状。

3. 用主刀将多余的废料去掉。

4. 用主刀雕刻出椰树形状，并修至圆滑。

5. 用拉线刀拉出椰树的纹路。

6. 另取青萝卜片修出弧度。

7. 用拉线刀拉出纹路。

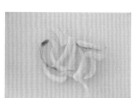

8. 用主刀片下，做出椰树的叶子备用。

9. 取胡萝卜用球形掏刀掏出椰果。

10. 取心里美用球形掏刀掏出椰果。

11. 将做好的胡萝卜椰果、心里美椰果放入盘中备用。

12. 取两块芋头拼接在一起。

13. 用U形戳刀将芋头修出大致形状。

14. 用V形拉线刀做出底座。

15. 将底座打磨光滑。

16. 取青萝卜皮用六菱形拉线刀拉出小草。

17. 将做好的小草片下备用。

18. 将椰树固定到底座上，椰果、椰叶依次固定在椰树上。

19. 将小草放到底座上的前方与后方。

20. 用蓝色素在长盘上画出线条，用椰果进行装饰。

21. 将做好的盘饰摆放整齐。

果蔬类（十五）

一、材料准备

南瓜 100g

澄面 10g

樱桃萝卜 10g

青香木 1 枝

三色堇 2 朵

黑色果酱 2g

蓝色果酱 2g

二、制作中需要注意的问题

1. 重点掌握五角星形的制作细节。

2. 熟练操作圆形的制作。

3. 整体的布局要安排合理。

三、制作步骤

1. 用 V 形刻刀将樱桃萝卜戳成五角星形。

2. 刻成大致形状后，将五角星形小花取下备用。

3. 将南瓜切成 1 厘米厚的片状。

4. 用圆规或圆形模具将南瓜修成圆形。

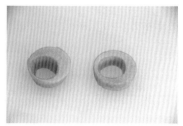

5. 将圆形南瓜中间掏空，去掉废料。

6. 将黑色果酱、蓝色果酱挤在盘中一侧，用手指慢慢抹开，前宽后窄。

7. 将澄面放到盘中，插上青香木，并五角形星小花放到澄面上。

8. 将两个圆圈交叉放置。

9. 用三色堇花瓣放在两侧点缀，将整个盘饰摆放整齐。

果蔬类（十六）

二、制作中需要注意的问题

1. 重点掌握用芹菜做成框架的制作方法。
2. 把握好将果酱抹开时的力度。
3. 整体的布局要合理。

一、材料准备

芹菜 10g

澄面 30g

迎春花 1 枝

红车厘子 2 个

三色堇 2 朵

蓝色果酱 2g

红色果酱 2g

三、制作步骤

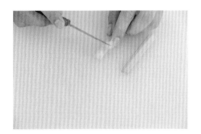

1. 将芹菜茎切成 6 厘米的段，两端刻出凹槽。

2. 两上两下固定在一起。

3. 将红色果酱、蓝色果酱挤在盘子的一侧。

4. 用手指慢慢地抹开。

5. 放上澄面起固定作用。

6. 将芹菜做成的框架固定在澄面上。

7. 将迎春花固定在芹菜的后面。

8. 依次放上红车厘子、三色堇进行装饰。

9. 将做好的盘饰摆放整齐。

果蔬类（十七）

二、制作中需要注意的问题

1. 重点掌握插件的制作细节。
2. 把握好果酱抹开时的力度。
3. 整体布局要合理。

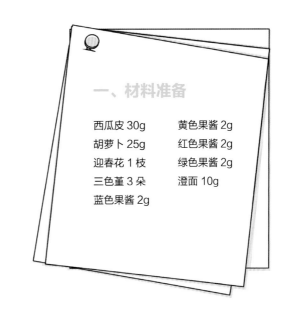

一、材料准备

西瓜皮 30g	黄色果酱 2g
胡萝卜 25g	红色果酱 2g
迎春花 1 枝	绿色果酱 2g
三色堇 3 朵	澄面 10g
蓝色果酱 2g	

三、制作步骤

1. 将西瓜皮修成直径为 8 厘米的圆形，用 U 形刀刻出花边。

2. 用 U 形刀刻出均匀的小圆洞，将内侧的废料去掉。

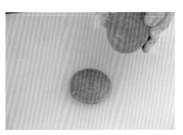

3. 取胡萝卜切成厚为 0.5 厘米的薄片备用。

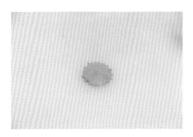

4. 修圆后用 U 形刀修成和西瓜皮内侧花纹相对应的形状。

5. 将中间废料去掉后刻成菱形。

6. 将胡萝卜固定在西瓜皮内做成插件。

7. 取黄色、红色、绿色、蓝色果酱挤在盘内一侧，用手指慢慢地抹开。

8. 将做好的插件用澄面固定在盘子中，将迎春花固定在插件后面。

9. 放上三色堇，将整个盘饰摆放整齐。

果蔬类 (十八)

二、制作中需要注意的问题

1. 重点掌握花瓣的制作细节。
2. 熟练掌握格子窗的制作方法。
3. 布局要合理。

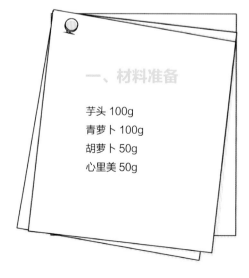

一、材料准备

芋头 100g
青萝卜 100g
胡萝卜 50g
心里美 50g

三、制作步骤

1. 取心里美用刻刀由上到下去掉5个面，切成4厘米的厚度。

2. 沿5个平面刻出5个花瓣，把每个花瓣修圆。

3. 依次刻出第二层花瓣，注意花瓣不要重叠。

4. 刻出第三层花瓣。

5. 刻出第四层花瓣。

6. 一直按照同样的方法直至全花心。

7. 取青萝卜切成长15厘米、宽5厘米、厚1厘米的片。

8. 用刻刀将青萝卜皮刻成小草状。

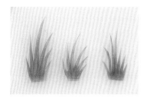

9. 做出3个小草备用。

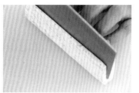

10. 将芋头切成长15厘米、宽4厘米、厚2厘米的块。

11. 用画线笔画出如图的形状。

12. 沿线去掉中间的废料，修成方柜状。

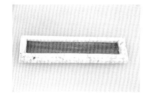

13. 将胡萝卜切成薄片装在方柜内。

14. 用画线笔画出窗子格。

15. 沿线条将废料取下。

16. 取青萝卜切成大小不一的厚片，交错粘在一起。

17. 用拉刻刀去掉废料。

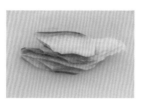

18. 刻出山石的形状备用。

19. 将小窗户固定在山石后。

20. 将月季花装在山石上，旁边装饰上小草。

21. 将做好的田园一角盘饰放入盘中摆放整齐。

果蔬类（十九）

二、制作中需要注意的问题

1. 重点掌握花瓣的制作细节。
2. 熟练操作花苞的制作。
3. 整体的布局要合理。

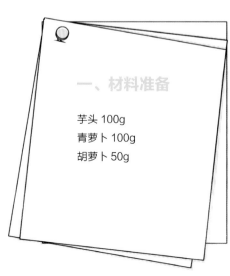

一、材料准备

芋头 100g
青萝卜 100g
胡萝卜 50g

1. 取青萝卜皮刻成小草形状。

2. 将刻出的小草备用。

3. 取芋头，将其修出平面，用画线笔画出单个花瓣的形状。

4. 用刻刀沿线条将多余的废料去掉。

5. 刻出花瓣（一定要薄）。

6. 根据花朵的设计确定好花瓣的数量。

7. 用青萝卜皮刻出花卉的底托。

8. 刻出几个叶瓣，然后取下备用。

9. 将花瓣由外向内依次固定到底托上。

10. 将固定好的花朵备用。

11. 取胡萝卜用V形刀刻出花蕊。

12. 沿底部取下备用。

13. 将花蕊固定在花心部位。

14. 另取一块芋头刻出花苞，修至圆滑。

15. 取青萝卜刻出底座。

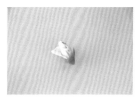

16. 将花苞和底座固定在一起。

17. 将铁丝固定在牡丹花底部。

18. 两个花苞分别固定在铁丝上。

19. 两棵小草分别固定在牡丹花两侧。

20. 将做好的盘饰放入盘中摆放整齐。

果蔬类（二十）

二、制作中需要注意的问题

1. 重点掌握鱼的制作细节。
2. 熟练操作小草的制作。
3. 整体布局要合理。

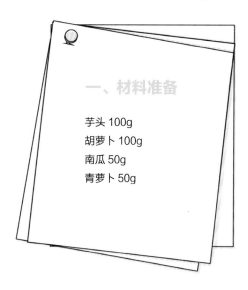

一、材料准备

芋头 100g
胡萝卜 100g
南瓜 50g
青萝卜 50g

三、制作步骤

1. 将芋头切成长 6 厘米、宽 2 厘米的长方形片。

2. 将胡萝卜切成长 6 厘米、宽 2 厘米的长方形片。

3. 将两种原料组合到一起固定，并修出形状。

4. 用画线笔画出鱼身体的大致形状。

5. 用刻刀沿着画好的线条去掉废料。

6. 刻定出鱼的基本形状。

7. 用 U 形刀刻出鱼两侧的身体细节。

8. 刻画出鱼嘴，并将鱼鳍、鱼尾巴修薄。

9. 装上眼睛。

10. 用拉刻刀刻出鱼鳍和鱼尾巴的纹路。

11. 另取一块原料，画出鱼腹鳍。

12. 沿线条刻出鱼腹鳍，并取下备用。

13. 将鱼腹鳍固定在鱼鳃后面。

14. 用细的拉刀刻出鱼鳞。

15. 依照上述操作做出第二条鱼。

16. 取青萝卜皮刻出大小水草。

17. 大水草要下宽上窄，自然弯曲。

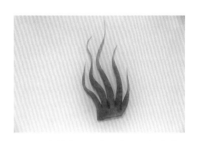

18. 小水草也要下宽上窄，自然弯曲。

19. 取南瓜切成 2 个薄片，用圆规画出圆形。

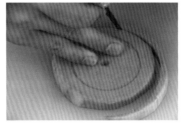

20. 沿线条刻出两个圆环状，去掉中间的废料。

21. 另取芋头一块，用刻刀修出石头的形状，去掉废料。

22. 刻出石头的凹凸感。

23. 将两个圆环固定到一起,并组装在石头底座上。

24. 将两条鱼分别固定到圆环上。

25. 装上水草进行装饰。

26. 将装饰好的盘饰放入盘中摆放整齐。

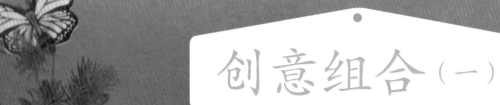

创意组合（一）

二、制作中需要注意的问题

1. 重点掌握龙须面的炸制方法。
2. 整体的布局要合理。

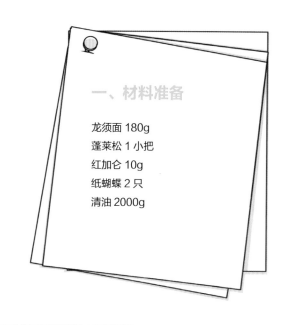

一、材料准备

龙须面 180g
蓬莱松 1 小把
红加仑 10g
纸蝴蝶 2 只
清油 2000g

三、制作步骤

1. 在锅中加入 2000g 清油，当油温升至五成热时，先将热油加入马斗中，再将圆形模具放入马斗中。

2. 将龙须面围绕模具一圈摆好，分 4 次放入，炸至微黄即可。

3. 将炸好的龙须面取出放入漏勺沥油。

4. 将沥好油的龙须面放入盘中。

5. 将蓬莱松、红加仑放入盘中。

6. 将纸蝴蝶放入盘中进行装饰。

创意组合（二）

绿莱合丹荣

二、制作中需要注意的问题

1. 重点掌握鸟巢的制作细节。
2. 整体布局要合理。

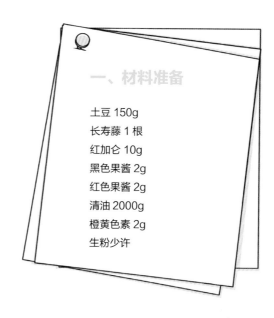

一、材料准备

土豆 150g

长寿藤 1 根

红加仑 10g

黑色果酱 2g

红色果酱 2g

清油 2000g

橙黄色素 2g

生粉少许

三、制作步骤

1. 将土豆切成细丝备用。

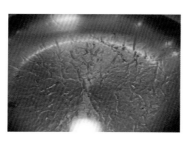

2. 在锅中加入 2000g 清油。

3. 将切好的土豆丝加入一滴橙黄色素和少许的生粉搅拌均匀。

4. 当油温升至五成热时，用手勺将搅拌均匀的土豆丝放入锅中。

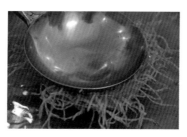

5. 用手勺将锅中的土豆丝轻轻压制成鸟巢状。

6. 用黑色果酱在盘中题字。

7. 用红色果酱做出印章进行点缀。

8. 依次放入炸好的鸟巢、长寿藤、红加仑。

9. 将做好的盘饰摆放整齐。

创意组合（三）

二、制作中需要注意的问题

1. 重点掌握意大利面圈的制作细节。
2. 整体布局要合理。

一、材料准备

意大利面 50g

青柠檬 1 个

铜钱草 2 个

红加仑 10g

橙黄色素少许

淀粉少许

黑色果酱 2g

三、制作步骤

1. 将意大利面用凉水泡软，加入少许橙黄色素。

2. 撒入少许的淀粉。

3. 搅拌均匀成橙色。

4. 将拌好的意大利面用圆形模具缠绕一圈，放入五成热的油中炸至微黄捞出。

5. 用黑色果酱在盘中做出造型。

6. 将炸制好的意大利面圈、青柠檬（一切为二）、铜钱草放入盘中。

7. 放入红加仑压着意大利面圈。

8. 将做好的盘饰摆放整齐。

创意组合（四）

二、制作中需要注意的问题

1. 重点掌握用黑色果酱做出造型的方法。
2. 整体的布局要合理。

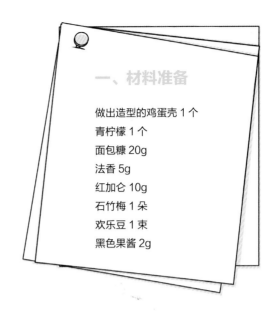

一、材料准备

做出造型的鸡蛋壳 1 个

青柠檬 1 个

面包糠 20g

法香 5g

红加仑 10g

石竹梅 1 朵

欢乐豆 1 束

黑色果酱 2g

三、制作步骤

1. 用黑色果酱在盘中做出造型。

2. 将做出造型的鸡蛋壳放入盘中。

3. 取面包糠倒入鸡蛋壳中。

4. 将 1 束欢乐豆插在面包糠上。

5. 将切好的青柠檬放到蛋壳旁做装饰。

6. 依次将红加仑、法香、石竹梅放入盘中做装饰，整个作品制作完成。

创意组合（五）

二、制作中需要注意的问题

1. 重点掌握蒜台造型的制作方法。
2. 整体的布局要合理。

一、材料准备

红枫叶 1 片　　黄麦穗 1 个
蓬莱松 1 片　　七七芽 1 朵
红加仑 5g　　　菠菜粉 15g
纸蝴蝶 1 个　　澄面 2g
蒜苔 1 根

三、制作步骤

1. 将蒜苔用小刀以间隔 3 厘米的长度削出 3 ~ 5 片，具体如图的形状，再放入水中浸泡 5 分钟后取出。

2. 取一个小碗倒扣在盘中。

3. 将菠菜粉围着碗边撒半圈。

4. 将小碗取出，做出形状。

5. 将泡好的蒜苔取出做出造型，用澄面粘住放入盘中。

6. 将七七芽、蓬莱松、黄麦穗粘在澄面上。

7. 将红枫叶、纸蝴蝶、红加仑放到盘中做装饰。

8. 用空拉线壶将盘中的菠菜粉做出造型。

9. 将做好的盘饰摆放整齐。

创意组合（六）

二、制作中需要注意的问题

1. 重点掌握龙须面的炸制方法。
2. 整体的布局要合理。

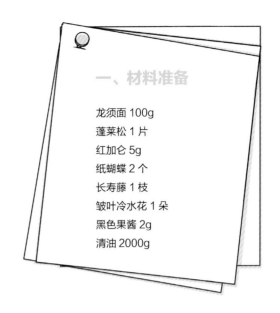

一、材料准备

龙须面 100g
蓬莱松 1 片
红加仑 5g
纸蝴蝶 2 个
长寿藤 1 枝
皱叶冷水花 1 朵
黑色果酱 2g
清油 2000g

三、制作步骤

1. 在锅中放入 2000g 清油，待油温加热至四成热时放入圆形模具，将龙须面贴着模具绕一圈。

2. 将龙须面炸至微黄取出，放凉备用。

3. 用黑色果酱在盘中做出造型。

4. 将凉好的龙须面、红加仑、皱叶冷水花放入盘中。

5. 依次将纸蝴蝶、蓬莱松放入盘中装饰。

6. 将长寿藤放入盘中进行装饰。

创意组合（七）

二、制作中需要注意的问题

1. 重点掌握艾素糖的熬制方法。
2. 整体的布局要合理。

一、材料准备

爆米花 100g
艾素糖 30g
蓬莱松 1 片
法香 2g
纸蝴蝶 2 个
石竹梅 10g
巧克力石头糖 15g
清水 200g

三、制作步骤

1. 在锅中放入 200g 清水。

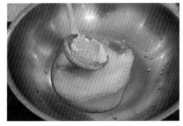

2. 取艾素糖放入锅中进行熬制。

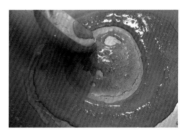

3. 熬制达 180 度即可。

4. 将爆米花放入锅中搅拌均匀备用。

5. 将做好的爆米花取出放入盘中，做出假山的造型。

6. 取法香、巧克力石头糖放入盘中。

7. 取纸蝴蝶放入假山上进行装饰。

8. 将蓬莱松、石竹梅放入盘中进行装饰。

9. 将做好的盘饰摆放整齐。

二、制作中需要注意的问题

1. 重点掌握用哈密瓜做小鸟造型的操作方法。
2. 整体的布局要合理。

一、材料准备

哈密瓜 100g
菠菜粉 30g
青柠檬 1 个
法香 2g
铜钱草 2 个
石竹梅 10g
红加仑 10g

三、制作步骤

1. 取哈密瓜切取出四分之一，用小刀将瓜瓤去掉修平整。

2. 将修理平整的哈密瓜一切为二。

3. 再将切好的哈密瓜一切为四，备用。

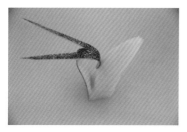

4. 用小刀将瓜皮片削开，并在瓜皮上划两道做出小鸟的造型，依照上述方法做出第二个。

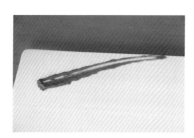

5. 将菠菜粉撒入盘中并做出造型。

6. 取做好的小鸟放入盘中。

7. 取红加仑、法香放入盘中。

8. 将青柠檬一切为二，再依次将青柠檬铜钱草、石竹梅放入盘中进行装饰。

9. 将做好的盘饰摆放整齐。

二、制作中需要注意的问题

1. 重点掌握用蒜台制作造型的方法。

2. 整体的布局要合理。

一、材料准备

蒜苔 5g

康乃馨 1 束

蓝莓果酱 2g

三色堇 2 个

田七 4 个

澄面 2g

三、制作步骤

1. 用 V 形刻刀在蒜苔的一面均匀地戳至卷起，泡入水中定型。

2. 将 3 根分别为 5 厘米、10 厘米、15 厘米的蒜苔定好形状，固定成圆环状。

3. 将蓝莓果酱挤到盘子的一侧。

4. 用手指慢慢地抹开。

5. 取澄面依次放入盘中。

6. 将蒜苔由大到小固定在盘子上。

7. 大的圆环中间用康乃馨花瓣进行装饰。

8. 其他的圆环用三色堇进行装饰。

9. 将做好的整个盘饰摆放整齐。

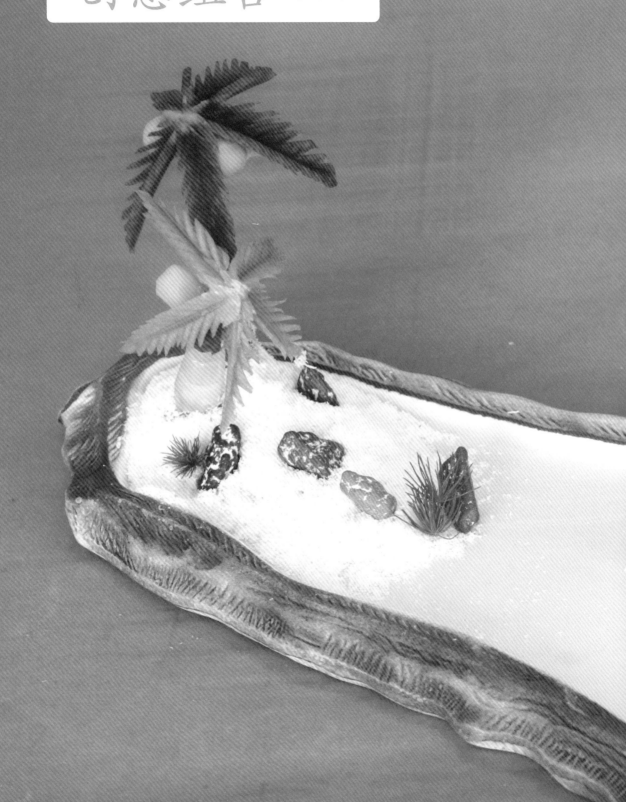

创意组合（十）

二、制作中需要注意的问题

1. 重点掌握椰树叶子和树干的制作方法。
2. 整体的布局要合理。

一、材料准备

南瓜 100g
胡萝卜 50g
心里美 1 个
黄瓜 1 个
蓬莱松 1 枝
巧克力石头糖 15g
面包糠 30g

三、制作步骤

1. 取心里美去皮修成椭圆形状，用小刀斜切去掉长条。

2. 用拉线刀拉出紫色椰树的叶子。

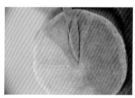

3. 取南瓜去皮修成椭圆形状，用小刀斜切去掉长条。

4. 用拉线刀拉出黄色椰树的叶子。

5. 将做好的叶子取下备用。

6. 取胡萝卜条修成树干的形状。

7. 用拉线刀拉出树纹。

8. 将胡萝卜树干粘到紫色叶子上。

9. 取黄瓜修成树干的形状。

10. 用拉线刀拉出树纹，将黄瓜树干粘到黄色叶子上。

11. 取心里美、南瓜、黄瓜、胡萝卜做出椰果。

12. 将椰果组装到椰树上。

13. 在盘中撒入面包糠，依次将椰树、巧克力石头糖放入盘中进行装饰。

14. 将蓬莱松放到巧克力石头糖旁做装饰。

15. 将做好的盘饰摆放整齐。

创意组合（十一）

二、制作中需要注意的问题

1. 重点掌握拉丝造型的制作方法。
2. 整体的布局要合理。

一、材料准备

哈密瓜 50g	红枫叶 1 片
火龙果 50g	法香 5g
心里美 50g	竹叶 5g
艾素糖 100g	石竹梅 5g
青柠檬 1 个	南瓜粉 5g
艺术牙签 1 个	

三、制作步骤

1. 在锅中放入艾素糖进行熬制。

2. 将艾素糖熬制达 180 度时取出。

3. 用拉丝枪进行拉丝。

4. 将拉好的丝做出造型备用。

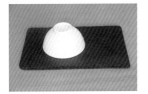

5. 取白碗扣在黑色盘中。

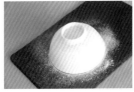

6. 将南瓜粉围绕碗边撒一圈。

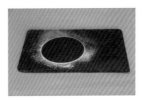

7. 取走扣在黑色盘中的白碗，留下形状。

8. 将拉好的丝、石竹梅、竹叶放入盘中。

9. 将哈密瓜、心里美、火龙果丁用艺术牙签串起来放入盘中。

10. 将青柠檬（一切为二）、法香放入盘中。

11. 将红枫叶放入盘中进行装饰。

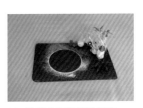

12. 将整个盘饰摆放整齐。

创意组合（十二）

二、制作中需要注意的问题

1. 重点掌握蒜台造型的制作。
2. 整体的布局要合理。

一、材料准备

法香 10g　　　红加仑 10g
圣女果 1 个　　蛤蜊壳 1 个
青柠檬 1 个　　黑色果酱 2g
蒜苔 1 根　　　澄面 5g
石竹梅 5g

三、制作步骤

1. 用小刀将蒜苔以间隔 3 厘米的长度削出 3 ~ 5 片，具体形状如图所示，再放入水中浸泡 5 分钟后取出。

2. 用黑色果酱在盘中画出造型。

3. 将澄面放入蛤蜊壳中，并固定在盘中。

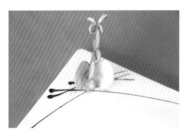

4. 将做好造型的蒜苔固定在澄面上。

5. 将法香盖住澄面，青柠檬一切为二放到法香的两侧。

6. 取圣女果放到左边青柠檬的一侧。

7. 取红加仑放到法香上面和青柠檬前面。

8. 将石竹梅放入盘中进行装饰。

9. 将做好的整个盘饰摆放整齐。

创意组合（十三）

二、制作中需要注意的问题

1. 重点掌握用菠菜粉做出造型的方法。
2. 整体的布局要合理。

圣女果 1 个
青柠檬 1 个
薄荷叶 1 片
菠菜粉 30g
韭苔 1 根
三色堇 2 朵

三、制作步骤

1. 取方形碗倒扣放在盘中。

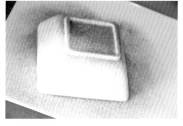

2. 用菠菜粉围绕碗边撒一圈。

3. 将方形碗取走，留下做好的形状。

4. 取青柠檬切成薄片备用。

5. 将切好的青柠檬、圣女果放入盘中一侧。

6. 将韭苔插入青柠檬、圣女果的中间。

7. 将薄荷叶、三色堇放入盘中进行装饰。

8. 将方形碗放在图案的一侧。

9. 将做好的整个盘饰摆放整齐。

创意组合（十四）

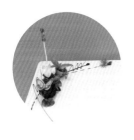

二、制作中需要注意的问题

1. 重点掌握用果酱做出造型的制作方法。
2. 整体的布局要合理。

一、材料准备

猕猴桃 30g	三色堇 1 朵
纸蝴蝶 1 只	薄荷芽 1 片
樱桃萝卜 15g	艺术竹签 1 根
紫薯 30g	黑色果酱 2g
黑蒜 1 个	绿色果酱 2g
蓬莱松 1 枝	
石竹梅 1 朵	

三、制作步骤

1. 将一片猕猴桃一切为四，并相互交错地叠放在一起。

2. 将樱桃萝卜一切为二后做出造型。

3. 将猕猴桃、樱桃萝卜用艺术竹签串起来。

4. 取黑色果酱和绿色果酱在盘中做出造型。

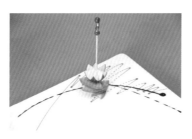

5. 将做好的艺术竹签放在盘中。

6. 将蒸熟的紫薯制成泥挤到黑蒜壳中，将黑蒜放在艺术竹签旁边，将薄荷芽插在紫薯泥上。

7. 将蓬莱松、石竹梅、三色堇放入盘中进行装饰。

8. 将纸蝴蝶放到黑蒜上。

9. 将做好的整个盘饰摆放整齐。

创意组合（十五）

二、制作中需要注意的问题

1. 重点掌握用南瓜粉做出造型的方法。
2. 整体的布局要合理。

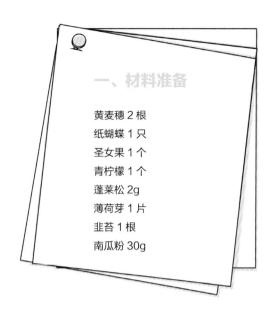

一、材料准备

黄麦穗 2 根
纸蝴蝶 1 只
圣女果 1 个
青柠檬 1 个
蓬莱松 2g
薄荷芽 1 片
韭苔 1 根
南瓜粉 30g

三、制作步骤

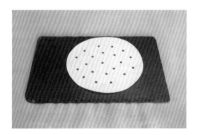

1. 将吸油纸放在盘中一侧。

2. 取南瓜粉用米漏慢慢撒到吸油纸上。

3. 将吸油纸取出做出造型。

4. 将青柠檬四周切掉，做出造型备用。

5. 将做好造型的青柠檬、圣女果放入盘中。

6. 取黄麦穗压到青柠檬上。

7. 将韭苔、蓬莱松放入盘中。

8. 用纸蝴蝶和薄荷芽进行装饰。

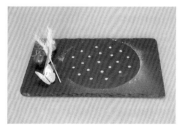

9. 将做好的整个盘饰摆放整齐。

创意组合（十六）

二、制作中需要注意的问题

1. 重点掌握用菠菜粉做造型的方法。
2. 整体的布局要合理。

一、材料准备

菠菜粉 50g

意大利面 20g

面包糠 30g

绿车厘子 2 个

三色堇 2 朵

枫叶 1 片

蓬莱松 1 枝

红甜菜芽 3g

三、制作步骤

1. 将防油纸剪出一个多边形,并放入盘中。

2. 取菠菜粉围绕着多边形撒一圈。

3. 将防油纸从盘中取出,在菠菜粉的两边撒上面包糠。

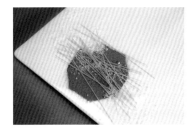

4. 拿一束意大利面放在菠菜粉上。

5. 将三色堇、绿车厘子放在意大利面上。

6. 将蓬莱松放到三色堇中间。

7. 将红甜菜芽插在绿车厘子中间。

8. 将枫叶放在车厘子旁做装饰。

9. 将做好的整个盘饰摆放整齐。

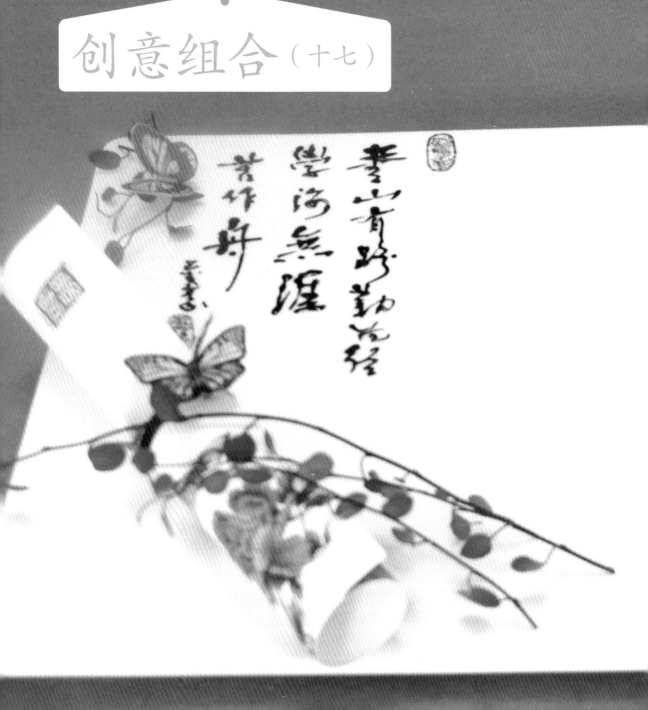

二、制作中需要注意的问题

1. 重点掌握字的写作。
2. 整体的布局要合理。

一、材料准备

艺术纸 1 张
纸蝴蝶 2 只
长寿藤 2 枝
黑色果酱 2g
红色果酱 2g

三、制作步骤

1. 用黑色果酱在盘子的一侧题字。

2. 用红色果酱做印章进行衬托。

3. 将艺术纸斜放到盘子的一侧。

4. 取长寿藤压在艺术纸上和字的一侧，将一只纸蝴蝶放在艺术纸上。

5. 将另一只纸蝴蝶放到字旁边的长寿藤上。

6. 将做好的整个盘饰摆放整齐。

创意组合（十八）

一、材料准备

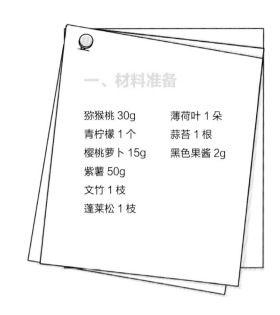

猕猴桃 30g　　薄荷叶 1 朵
青柠檬 1 个　　蒜苔 1 根
樱桃萝卜 15g　黑色果酱 2g
紫薯 50g
文竹 1 枝
蓬莱松 1 枝

二、制作中需要注意的问题

1. 重点掌握用蒜台做造型的方法。
2. 整体的布局要合理。

三、制作步骤

1. 先将蒜苔的两边用小刀以间隔 3 厘米的长度进行削切，做出如图所示的形状（3 ~ 8 片），再放入水中浸泡 5 分钟后取出。

2. 将樱桃萝卜切薄片备用。

3. 将猕猴桃切薄片备用。

4. 用黑色果酱在盘中做出造型。

5. 将紫薯蒸熟去皮制成泥放入裱花袋，挤在盘中做出造型。

6. 将蒜苔插在做好造型的紫薯泥上。

7. 把樱桃萝卜放在紫薯旁边。

8. 取猕猴桃、青柠檬（一切为二）、文竹、蓬莱松、薄荷叶做装饰点缀。

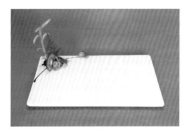

9. 将做好的整个盘饰摆放整齐。

创意组合（十九）

二、制作中需要注意的问题

1. 重点掌握黄丝网造型的制作方法。
2. 整体的布局要合理。

一、材料准备

黄丝网皮 1 张

纸蝴蝶 1 只

蓬莱松 1 枝

石竹梅 1 枝

薄荷芽 1 枝

红果 2 个

黑色果酱 2g

青油 2000g

三、制作步骤

1. 将黄丝网皮铺放在防油纸上。

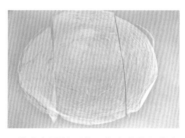

2. 裁出如图的形状，将多余的部分去掉。

3. 用钢管慢慢将黄丝网皮卷起。

4. 在锅中放清油，油温升至四成热时将卷起的黄丝网皮放入锅中炸至微黄。

5. 用黑色果酱在盘中做出造型。

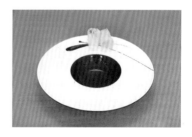

6. 将炸好的黄丝网皮一切为二放入盘中。

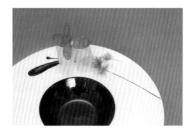

7. 将薄荷芽插在黄丝网皮上，蓬莱松放在一旁做装饰。

8. 将纸蝴蝶、石竹梅、红果放入盘中做装饰。

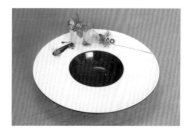

9. 将做好的整个盘饰摆放整齐。

创意组合（二十）

二、制作中需要注意的问题

1. 重点掌握黄丝网造型的制作方法。
2. 整体的布局要合理。

一、材料准备

鸡蛋 1 个	红甜菜芽 1 个
紫薯 30g	蓬莱松 1 枝
黑白芝麻 15g	石竹梅 1 朵
藕带 20g	皱叶水花 1 片
意大利面 20g	青油 2000g
黄丝网皮 1 张	
铜钱草 3 朵	

三、制作步骤

1. 将藕带切成段备用。

2. 将黄丝网皮铺放到防油纸上，裁出如图所示的形状，并将多余的部分去掉。

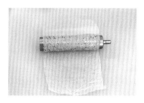

3. 将黄丝网皮用钢管慢慢卷起。

4. 在锅中放入油，当油温升至四成热时放入黄丝网皮炸至微黄。

5. 将鸡蛋清打入碗中，将意大利面裹上一层蛋清。

6. 将裹好蛋清的意大利面均匀地粘上一层黑白芝麻，做成芝麻棒。

7. 将紫薯蒸熟制成泥放入裱花袋，用裱花袋挤出造型放到盘中。

8. 将做出造型的黄丝网皮圈固定在紫薯泥上。

9. 将藕带堆积在黄丝网皮圈的下面，将芝麻棒压在黄丝网皮上。

10. 将铜钱草插在藕带上。

11. 将蓬莱松、红甜菜芽、石竹梅、皱叶水花依次放入盘中做装饰。

12. 将做好的整个盘饰摆放整齐。

图书在版编目（CIP）数据

时尚盘饰/新东方烹饪教育组编 . -- 北京：中国
人民大学出版社，2020.12
ISBN 978-7-300-28930-4

Ⅰ . ①时… Ⅱ . ①新… Ⅲ . ①食品雕塑 – 装饰 – 技术
Ⅳ . ① TS972.114

中国版本图书馆 CIP 数据核字 (2021) 第 013966 号

时尚盘饰

新东方烹饪教育　组编

Shishang Panshi

出版发行	中国人民大学出版社			
社　　址	北京中关村大街 31 号	邮政编码	100080	
电　　话	010-62511242（总编室）	010-62511770（质管部）		
	010-82501766（邮购部）	010-62514148（门市部）		
	010-62515195（发行公司）	010-62515275（盗版举报）		
网　　址	http：//www. crup. com. cn			
经　　销	新华书店			
印　　刷	北京瑞禾彩色印刷有限公司			
规　　格	185mm×260mm　16 开本	版　次	2020 年 12 月第 1 版	
印　　张	11.5	印　次	2020 年 12 月第 1 次印刷	
字　　数	261 000	定　价	47.00 元	